U0947930

自己拯救自己

你是自己的救世主

田镇嘉 著

中国财富出版社

图书在版编目（CIP）数据

自己拯救自己：你是自己的救世主／田镇嘉著．—北京：中国财富出版社，2015.7

ISBN 978-7-5047-5739-5

Ⅰ.①自… Ⅱ.①田… Ⅲ.①成功心理—通俗读物 Ⅳ.①B848.4-49

中国版本图书馆 CIP 数据核字（2015）第 126226 号

策划编辑	黄　华	**责任印制**	方朋远
责任编辑	姜莉君	**责任校对**	饶莉莉

出版发行	中国财富出版社		
社　　址	北京市丰台区南四环西路 188 号 5 区 20 楼	**邮政编码**	100070
电　　话	010-52227568（发行部）		010-52227588 转 307（总编室）
	010-68589540（读者服务部）		010-52227588 转 305（质检部）
网　　址	http://www.cfpress.com.cn		
经　　销	新华书店		
印　　刷	北京京都六环印刷厂		
书　　号	ISBN 978-7-5047-5739-5/B·0440		
开　　本	710mm×1000mm　1/16	**版　　次**	2015 年 7 月第 1 版
印　　张	14	**印　　次**	2015 年 7 月第 1 次印刷
字　　数	215 千字	**定　　价**	35.00 元

前　言

现实生活中，大多数人不是饱食终日，无所用心，就是怨愤消极，指天骂地，甚至有的人幻想倚仗心中的神，而这世界压根儿没有神，即使有神，也不会无缘无故地拯救我们，因此，自己才是拯救自己的神。

我们总是在无意识地祈祷有一个神，想着将造物者当成阿拉丁神灯里的“灯奴”。只要我们存在危险，他就会为我们排除困难且完成使命，完全地满足我们的欲望与要求。但是，这是我们想要的生活吗？我们的人格和操守可以完全丢掉吗？让所谓的神仙每天为我们解决那些自以为理所当然的困难与不幸？让他们在我们需要时及时出现？甚至每天给我们以适当的教导？这样的生活还存在尊严吗？事实上，想要过什么样的日子，走怎样的路，最后的决定权在于自己，只能倚仗自己拯救自己。

数年来，为了谋求生存，人们在黑暗中探索光明，在斗争中追寻真理，在困惑的心境中寻找征途，在逆境中追寻光明，在挫折与痛苦中寻找出路。当我们面临人生路上这一个个险恶的陷阱、一道道巨大的门槛、一场场绝情的灾难、一段段苦难的旅程、一遍遍绝望的呐喊、一串串痛苦的眼泪时，只有丢掉妄想，自我拯救才是人们的归属。在这样一个充满竞争的年代里，人类已经迈进了一个必须自我应对、自我承受、自我调节以及自我提炼的“拯救自我”年代。当面临灾难时，挫折与苦难不仅对我们每个人的心理承受能力给予考验，更重要的是对我们每个人的生命存活能力给予考验。

我们宁愿用生命去体验真正的人生，我们渴望能够承认自己的价值，我们渴望能够有权力支配自己的人生，我们渴望能拥有一个崭新的生命起点。相信终会有一天，我们不用再承受生存的桎梏，而是依靠自己彻底拯救自己，甚至我们也可以名垂青史，扬名立万！用我们的生命给后来者以启迪。这是何等的荣耀呀！这或许也是靠自己拯救自己者的莫大幸福了！

本书主要强调了一种积极向上、自我拯救的个人自助精神。希望每个人靠信念、品德和行动来实现自身的价值，改变自己的命运！

作　者
2015 年 3 月

目录
CONTENTS

第一章

做最成功的自己
——自己是自己最可靠的救星

每一个人都要学会和自己相处，与自己对话，真实地面对自己，真实地爱自己所有的一切。因为这个世界，只有一个独一无二的你，你应为自己自豪。在你一个人的时候，问自己几个问题，然后自己回答，享受孤独，勇敢地面对，你就是自己的救世主。

人生最大的靠山是自己

对于想成就一番事业的人来说，不能以他人的标准评判和约束自己，要认识到自己才是自己人生的最大依靠。做自己命运的舵手，希望就在眼前。

《聪明的笨蛋》一书，主要讲述了作者自身的奋斗历程。

该书的作者在小时候是一个不被人喜欢的学生，长大之后，曾两次被上司辞退，他不明白为何自己这样努力了还是一个笨蛋？

他曾因为强烈的自我否定和剧烈的内心挣扎导致行为怪异，而被贴上“精神病”的标签。但是，他内心还有一个声音在呐喊，他坚强地撑过一次又一次的失败，一次次地尝试，终于遇见了几个好老师，加上妻子的鼓励，最后取得博士学位。直到他54岁，才得知“学习障碍”这个名词，才明白了他一生所受苦难的原因，于是他开始以自身受苦的经历为例子，帮助所有身受其苦的人。

正是因为他好强的精神才战胜了障碍，他也将这个经验告诉大家。后来他成为深受大众欢迎的心理学博士。

我们要保持坚定的信念，顽强拼搏，不要在乎世俗的观点和嘲笑。只要有信心和毅力，就没有战胜不了的困难，当你回过头来再看走过的路时，你会惊讶于自己的敢作敢为为自己带来了多么大的成就。正如泰戈尔所讲：“顺境也好，逆境也好，人生就是一场面对种种困难无尽无休的斗争，一场敌众我寡的战斗。只有笑到最后的，才是真正的胜利者。”

在美国有一种家喻户晓的美食叫“琼斯乳猪香肠”，在它的发明背后有一段催人泪下的与命运做斗争的故事。

发明者琼斯原来在威斯康星州农场工作，当时虽然生活贫穷，但他身体强壮，工作认真勤勉，生活还算美满。

可是，一次意外的事故，改变了琼斯的命运。他瘫痪了，躺在床上动弹不得。亲友都认为他这一辈子完了，他也一度陷入绝望的阴影里，痛苦得无法自拔，埋怨这都是上天的安排，命运对他不公。

一天，母亲对他说："琼斯，我不愿意听你说生活的糟糕是上天的意愿。命运在我们自己手中。"

母亲的话在琼斯的心灵深处刻下了深深的烙印。

"是啊！为什么只是埋怨上天而没想到靠自己改变命运呢？我的双手虽然不能工作了，但我要开始用大脑工作。"

从此，他信心十足，让家庭也因此充满希望。他致富的愿望就像火花一样迸发出来。每天，他把对自己有价值的信息和快乐、积极的想法放在心中，而把消极的东西抛到九霄云外。他思考多日，终于把构想告诉家人：

"我们的农场全部改种玉米，用收获的玉米来养猪，然后趁着乳猪肉质鲜嫩时灌成香肠出售，一定会很畅销！"

功夫不负有心人。事情果然不出琼斯所料，等家人按他的计划做好一切后，"琼斯乳猪香肠"一炮走红，成为家喻户晓、大受欢迎的美食，琼斯也改变了命运，过上了富足的生活。

天无绝人之路，生活丢给我们一个难题，同时也会给我们解决问题的能力。琼斯能够成功，是因为他坚信人生没有过不去的坎儿，坚信冬天之后有春天。他在困难面前没有低头，没有被挫折吓倒，而是独辟蹊径，终于迎来了属于自己的成功。

生活中我们不必去乞求也不可能总是阳光明媚的艳阳天，狂风暴雨随时都有可能光临。但只要我们有迎接厄运的勇气和胸怀，在打击和挫折面前不低头，跌倒了再重新爬起来，将自己重新整理，以勇敢的姿态去迎接命运的挑战，坚信人生没有过不去的坎儿，就能迎来人

生的辉煌。

直面人生的挫折和压力吧，因为它会让我们变得更加坚强；迎接生活的挑战吧，因为它的背后藏有成功的果实。

做自己的救世主

当一个人身陷桎梏时，一定希望能有一个救世主前来解救自己，让自己从困境中摆脱出来。这自然能够理解，而且，确实存在当你最困难的时候将你从困境中解救出来的贵人，但是，这建立在你必须有信心而且努力争取获救的基础上。否则，哪怕是万能的上帝，面对一个已经彻底放弃、对自己没有丝毫信心的人也无可奈何。

有一个人，把很多年的积蓄以及全部家当都投资到一种小型制造业上。由于对瞬息万变的市场了解不透，再加上前几年原料价格不断上涨等因素，他的企业很快就垮了。妻子又从单位下岗，他一度处于绝境，并对过去的那些损失无法释怀，毕竟那是他半辈子的心血与汗水。好几次，他都想要跳楼自杀，一死了之。

一个偶然的机会，他在一个书摊上看到一本名为《怎样走出失败》的书，这本书给他带来了希望与重新振作的勇气，他决定寻找这本书的作者，希望可以在作者的引导下东山再起。

当他终于寻找到那本书的作者，向那个作者叙述完了他的遭遇后，那位作者却对他说："我已经以极大的兴趣听完了你的遭遇，我对你的遭遇表示非常同情，但事实上，我帮不到你，很抱歉。"

他的脸瞬间变得苍白，低下头，嘴里喃喃自语："这下子全完蛋了，没有一点指望了。"

那本书的作者听了片刻，说："尽管我无能为力，但我可以引荐你去见一个人，他可以帮到你。"

他立即跳起来，激动地抓住作者的手，说："看在老天爷的分上，请你立刻安排我去见他。”

作者从容地站起身，将他领到家里穿衣镜面前，用手指着镜子说道：“这个人便是我要介绍给你的人。在这个世界上，只有这个人可以令你东山再起。除非你愿意坐下来，仔细认识这个人，否则你只有自杀了。因为只要你不能充分认识这个人，你对这个世界来说，就是毫无价值的废物。”

他站到镜子面前，看着镜子里那个灰头土脸的面孔，认真地看着，看着看着他突然痛哭了起来。

几个月后，作者在大街上再次遇见了这个人，差点认不出来。他的脸上不再胡子拉碴，脚步也变得轻快，头抬得很高，身穿高档的衣服，全然一个智者的姿态。他对作者说：“当那天我离开你家时，仅仅是一个刚刚破产的人。我对着镜子重新找回了自信。现在我又找到了一份收入相当不错的工作，妻子也重新上岗，薪水也较为可观。我想用不了几年，我一定会东山再起。”

世界上从来不存在什么救世主，只有靠自己，靠自己的信心，靠自己的努力。你才是自己的救世主！

强者驾驭命运， 弱者受控于自我

一个名叫艾玛的新婚妻子随丈夫驻扎在靠近沙漠的一个陆军基地里。他们找到了一间靠近印第安村落的小木屋，这里的生活条件非常差。白天气温闷热难耐，连有点阴凉的地方气温都有40℃；风又总是一年到头呼呼地吹个不停，把尘土吹得到处都是。

丈夫每天要奉命外出演习，每天只剩下艾玛一个人在家里，没有人可以说话，也没有什么事情可干，这让她感觉非常的无聊。其实，艾玛也很想出去走走，可是附近住的印第安人不会说英语，而艾玛也根本不懂他们的语言，彼此没法沟通。因此，她

写信给父母，说想要回家。

没想到，苦苦盼来的父母的回信中既没有安慰的话，也没有催促她回家的意思，一张薄薄的信纸上只有短短几行字：有两个人从监狱的铁窗往外看，一个看到的是地上的泥土，另一个看到的却是天上的星星。

刚开始看到这几句话的时候，艾玛很生气，后来她反复看、反复琢磨，终于悟到了父母想要对自己说的话：自己忧愁、抱怨等一切问题的根源就在于总是习惯低头向下看，于是看到的只是地上的泥土。而我们的生活中除了泥土，还有满天的繁星，为什么不抬起头来，享受那星光灿烂的美好世界呢？艾玛终于明白了父母的良苦用心，感到非常的惭愧，她决定要在沙漠里寻找自己的“星星”。

有了这样的想法后，艾玛开始改变自己，她走出户外，和邻近的印第安人交朋友，并请他们教她如何纺织和制陶。刚开始时他们彼此还有点生疏，但是当他们了解到艾玛真的是对这些感兴趣时，他们也与她真诚相待，并且把舍不得卖给游客的纺织品和陶器送给她。于是，很快地，艾玛就充分地感到自己的生活已经变得非常充实、快乐。

不仅如此，艾玛还迷上了印第安文化、历史、语言及所有印第安的事物。她开始研究起沙漠和沙漠中的仙人掌，一边研究还一边做笔记，她深深地为仙人掌的千姿百态而沉醉；她也醉心于欣赏沙漠中的日出日落以及海市蜃楼的幻影，体味着新生活给她带来的快乐。很快地，沙漠也从荒凉之地摇身一变成为她眼里一处神奇美丽的地方。她也发现生活中的一切都变了，她每天都仿佛沐浴在春光之中，每天都非常快乐。

谁也没有想到，两年之后，艾玛不但成了一名沙漠专家，她还根据自己这段真实的内心历程写了一本书，引起了很大的轰动。

从艾玛的故事我们可以看出，我们应该做命运的主人。

雄心——永不停息的自我推动力

作为迈向成功的重要素质，野心是一种积极的心态——对自己眼前成果的不满足。环境越好，工作条件越优越，业绩也越突出，但不能满足现状，要继续努力，获取更大的成就。至于环境不好，生活困苦，工作条件恶劣，业绩不佳，则应付出更大的努力，改变自己的生存环境，为自己求得成功不懈努力。

福勒生于美国路易斯安那州的一个黑人农户家庭，这个家庭里共有7个孩子，生活十分贫困，福勒5岁时就不得不开始劳动，8岁开始赶骡子，帮助家庭维持生计。

母亲目睹自己家庭的生活环境，即使每日艰苦劳动，收入仅能糊口，福勒也还是没有读书的机会。母亲知道自己的家庭与别人家的生活存在的差距，她慢慢觉得造成这个现实必定有什么原因，时常同福勒和他的兄弟们讨论这个问题。

有一天，她与儿子福勒讨论说：“福勒，我们不应该贫穷。我不愿意听到你说：我们的贫穷是上天的意愿。我们的贫穷不是由于上天的缘故，而是因为你的父亲从来就没有产生过致富的愿望。我们家庭中的任何人都没有产生过出人头地的想法。”妈妈的这番话在福勒的心中刻下了深深的烙印。

雄心是改变命运的动力。没有产生过致富的愿望，就没有进取精神，没有积极的心态，而甘愿世世代代贫穷下去。福勒此时虽年纪不大，但他的心里已萌发了致富的雄心，从此他时时刻刻注意怎么走上致富之路。他致富愿望的种子慢慢开始发芽、生长。鉴于此，他总是把他所需要的东西放在心中，对于不需要的东西则置之不理。

为了实现自己的目标，福勒选择了经商作为自己的奋斗途径。他先从当小伙计入手，在零售百货店里当推销员。3年后，他懂得了哪

些商品畅销、哪些用户习惯买哪种商品，并对顾客的心理了如指掌。在这样的基础上，他决定自己经营创业，并把肥皂作为经营产品。于是，他用积攒的钱从肥皂厂购进两箱肥皂，然后自己挨家挨户地上门推销。

为了实现伟大目标，福勒不畏各种劳累和困难，一块一块地推销肥皂，一分钱一分钱地积累资金。一年365天坚持不懈地奔走，就这样一晃12年过去了。此时他家里的生活正在一天天改善，但他并不因此而满足，他以更加积极的雄心，伺机获取更大的成功。后来，他获悉供应肥皂给他的那家公司由于内部原因，拟拍卖出售，售价是15万美元。福勒又通过种种努力买到这家公司，最后他终于有了自己的事业。

雄心是人在不满足现状的情况下的奋起，正是由于这种不满足，才促使我们去改变周围的世界。有了梦想，就有了机会。有梦的生活，才会充满希望与热情。有梦的生活，才会给人以追求和动力。

正是雄心——这种永不停息的自我推动力，激励着每个人朝着自己的目标前进。这是神秘的宇宙力量在人身上的体现，这种动力并不是纯粹的人为力量能创造的。为了获得和满足这种力量，我们甚至愿意放弃舒适乃至牺牲自我。我们每个人都感到，我们都需要这种激励，它是我们人生的支柱。

超越自我， 磨砺人生

超越自我，是生命的要求。尼采曾说过：“生命企图树起自己的云梯——它渴求眺望到遥远的地方，渴望着最醉心的美丽——因为它要求向上!”

有一位武学高手，在一场典礼中跪在武学宗师面前，准备接受来之不易的黑带。经过多年的训练，这个高手终于可以在这门武学里出人头地了。

“在颁给你黑带之前，你必须再通过一个考验。”武学宗师说。

“我准备好了。”高手回答，心中以为可能是最后一回合的拳术考试。

“你必须回答最基本的问题：黑带的真义是什么？”

“是我学武历程的结束，”高手不假思索地回答，“是我辛苦练功应该得到的奖励。”

武学宗师沉思了一会儿，显然他不满意高手的回答，最后他说：“你还没到能拿到黑带的时候，一年后再来吧。”

一年后，高手再度跪在武学宗师面前。

“黑带的真义是什么？”宗师问了与一年前相同的问题。

“是本门武学中杰出和最高成就的象征。”高手回答说。

武学宗师依旧好半天没说话，显然他还是不满意，最后他说：“你还没有到能拿到黑带的时候，一年后再来吧。”

一年后，高手第三次跪在武学宗师面前。

“黑带的真义是什么？”依然是同样的问题。

“黑带代表开始，代表无休止的纪律、奋斗和追求更高标准的历程的起点。”高手大声回答道。

“好，你已经准备就绪，可以接受黑带和开始奋斗了。”武学宗师欣慰地答道。

对一个聪明人来说，每天都是一个新的开始，每一次成功也都是一个新的起点。唯有不断超越自我，才能创造出一个又一个的辉煌。超越自我，不仅意味着不断地追求，顽强地奋斗，还意味着走前人没有走过的路，在你所从事的工作中寻找新的起点。

有一位孤独的画家，除了理想，一无所有。起初，他到一家报社应聘，但那里的主编认为他的作品缺乏新意而不予录用，他品尝到了失败的滋味。

后来，他替教堂作画。由于报酬低，他无力租画室，只能借用一家废弃的车库。一天，疲倦的画家在昏黄的灯光下看到了一对亮晶晶的小眼睛，原来是一只小老鼠。他微笑地注视着它，而它却像影子一样溜了。后来小老鼠又一次次出现，画家从没有伤害过它，甚至连吓唬都没有。小老鼠在地板上做各种运动，表演杂技，表演后画家就奖励它一点面包屑。渐渐地，他与小老鼠之间获得了信任，建立了友谊。

不久，年轻的画家被介绍到好莱坞去制作一部以动物为主的卡通片，可是他却再一次品尝到了失败的滋味。他开始怀疑自己的天赋，就在这时，他突然想起了车库里的那只小老鼠，灵感在暗夜里闪出一道光芒。他迅速地画出了一只老鼠的轮廓。有史以来最伟大的卡通形象——米老鼠诞生了，画家沃尔特·迪士尼也因此名扬四海。

“生命企图升起，升起而超越自己。”生命渴望的地方，就是我们每个人自己选定的目标和理想，而超越自我的过程就是创造的过程。人生在世，不能只贪图安逸享受，否则就永远无法享受到人生的真正乐趣。只有努力创造，全力拼搏，不断超越，才能在激烈的竞争中站稳脚跟，使生命的碰撞发出耀眼的火花。人生是一条奔腾不息的河流，永远不会停留在一个地方，也不会停留在某一阶段，它需要不断地超越。超越，是升华，是突变，也是人生不可缺少的阶段。正是这种超越，才使人类从愚昧无知的远古走到了文明昌盛的今天。

自我超越， 登上人生的巅峰

自我超越的原则是：不能就此止步，没有最好，只有更好。一旦你在心中决定超越今天的自己，那么你就一定能取得不可思议的成绩。因为设定了一个更高的自己，你就永远处于不断追求、不断突破的状态中，怎么可能不进步呢？

生活中，很多人都有过这样的经历：实现了一个目标后，自己好像浑身有使不完的劲，往往立即精神抖擞地投入到下一个目标中，好像只有这样才觉得日子充实而有意义。如果达成了一个目标，而不知道下一步做什么时，我们就会很快变得迷茫。因此，自我超越的最好方法是不断给自己制订出后续目标。美国前总统乔治·赫伯特·沃克·布什（老布什，下文统称布什）就是这样的一个人。

布什于1924年6月12日生于马萨诸塞州密尔顿。第二次世界大战期间，他参加海军当了飞行员。退伍后，他进入耶鲁大学攻读经济学，开始追求新的人生。他说："对战前我所熟悉的生活我不感兴趣，我在追求一种完全不同的生活，寻找一种充满挑战、冲破常规的生活。我不愿意看到自己成为一个凡夫俗子，每天高高兴兴地持月票上班、下班，每周干满五天一个循环。"

在耶鲁大学的两年生活中，布什又在为新的生活努力准备和拼搏进取了。他说："回到了平民生活之后，我迫切地感到需要早日获得文凭并尽可能快地进入实业界。我得养家糊口。"布什热爱工作，努力学习，表现突出。因此他被选为美国大学优秀生组织的成员并获得其他一系列荣誉。后来，布什放弃了申请罗兹奖学金。曾经身着校服的运动员，并积极参加学校其他活动、有着优异成绩的布什，获得罗兹奖学金是十拿九稳的。但是，为了尽早进入实业界，渴望并且需要到活生生的社会中去做点工作而闯出一番事业的布什，决定放弃这个做研究生的机会，向实业界进军。

1948年从耶鲁大学校园中走出来的布什，满怀着对生活的热爱、对事业的追求，驱车直往西得克萨斯，决心在生活中去寻找与过去有所不同的东西，因为他觉得得克萨斯和那些油田才是有为青年们该去的地方。布什先在奥德萨的艾德克公司的仓库——一个小小的、长方形的铁皮屋顶的建筑里成了一个设备管理员，就从这里，布什开始了石油事业的起步。

一年后，德雷塞工业公司（艾德克公司的母公司）把布什调到加

利福尼亚。他先在亨廷顿公园做一名油泵公司装配工，后在贝克斯菲尔德成为一名羽翼渐丰的推销员。

布什工作认真负责，当推销员时，整天带着个手提箱，冒着酷暑往来奔波。布什说："要致富必须出大力。"为了实现自己的人生目标，1950 年他全家奉公司调令，离开加利福尼亚，前往被称为"西得克萨斯期油都"的米德兰工作。对此，布什说："事业在召唤，我们不得不去。"

经过两年多的实际业务操作和实业经验的锻炼，此时的布什已开始大刀阔斧地闯天下了。1950 年年末，他下了独立门户干事业的决心，与约翰·奥弗比合伙成立了布什奥弗比石油开发公司，成了一个独立企业主。然后，靠着自己的经验、知识与对事业的热情和敢于冒险的精神，筹措资金，购买土地采矿权，使得公司一步一步发展壮大起来。

在 1951 年 8 月，扎帕塔近海石油公司成为一个独立的石油生产公司，它的证券进入了美国股票交易所，公司总部搬进了休斯敦俱乐部大楼。公司成立 5 周年时，它已拥有一个 4 部钻塔的钻井队、195 名雇员和 2200 位股东了，而该公司的总经理就是布什。

已成为得克萨斯石油大亨的布什并不满足和习惯于过去的一切，他又在寻求新的目标了。而一旦制定了新的目标，他就绝不退缩，韧劲十足地干下去。他又产生了另一种不可遏制的冲动——打入政界，进军华盛顿。

1964 年竞选参议员失利，却更加激起了他义无反顾的热情。1966 年 2 月，也就是竞选参议员失败 15 个月后，布什辞掉了在扎帕塔石油公司董事长兼总经理的职务，全身心地投入众议员竞选之中。命运之神又一次眷顾了这个对事业孜孜以求的挑战者。布什成功了。从此，他步入政坛。直到登上权力的巅峰——坐上了美国总统的宝座。

自我拯救为求生存

为了求取生存，人类和天争、与地斗、和人争、与自己斗。为了谋求生存，人们不仅要和天地斗，也就是与地震、雪灾、旱灾以及水灾等多种自然灾害斗，还要和人祸斗，也即是指与全球金融危机、股市暴跌、房屋无故倒塌事件、桥梁坠毁事件、煤矿事故以及各类病毒性传染病进行争斗；不仅要与人斗，也就是与身边所发生的人事纠纷、邻里冲突、婚姻危机、家庭问题或者劳资关系等各类冲突争斗，最主要是与自己斗，也就是指与自己的人性、人格和人品斗争。

自我拯救是为求生存的手段和方法。

1. 自己的事情自己做

自己的事情自己做，这是小时候经常听到的一句话，这句话源于一首儿歌：即“我有一双万能的手，自己的事情自己做，妈妈说我是个好孩子，爸爸他常常夸奖我”。歌词只不过短短的四句，却教会了我们应该对自己应承担的责任不推卸，勇于承担的道理。

时至今日，越来越多的父母对孩子过分溺爱，无形中便成就了下一代人的依赖思想，培养了他们的依赖懒惰性格。其实，这种对家长过分依赖的孩子，是不可能成为国家的栋梁的，更不要说成为自己的主人？家长应该做的，是适度的放手，让孩子可以做一些力所能及的劳动，这对他们反而有很大的帮助。

2. 活下去就得自己承受痛苦

经常听到人说“活得真累!”“活得真没意思!”为什么，因为他们正在被磨难和痛苦折磨着。事实上，只要你作为一个人，就要学会承受人生的各种痛苦，而没有痛苦的人生是苍白的。痛苦的感觉总是很公平，它不会因为你拥有巨大的财富而躲开，也不会因为你有多大的权利而避开，更不会因为你贫穷而对你格外照顾。最大的区别在于，痛苦的根源有所不同。富人痛苦的根源有来源于市场的竞争压力、有

来源于子女不争气等；拥有权力之人的痛苦有的因升迁而起、有的因贪图财色而起，也有的因权力的争斗而起；贫困之人的痛苦在于因贫而生、因穷而起。当一个人出现人穷志短的念头时，其内心的痛苦是很难得到排解的，也有的人因遭受贫病交加的生活折磨而产生的痛苦。总而言之，一个人生活在这个世上，承受痛苦是一定的，没有痛苦的人生也是不完美的人生。

3. 无论好坏日子是自己过的

活着，就得过日子，过日子就是为了活下去。日子有好过的时候，也有难过的时候。时好时坏的日子才算得上真实的过日子。对于一个人或一个家庭来说，过日子的办法和习惯是完全不同的。有的人富日子当穷日子过，有的人穷日子当富日子过，有的人虽富足却饱受煎熬，有的人虽贫穷却也在“穷开心”。

4. 像地震中自救的勇士那样

有人说，自己救自己，说起来容易，可在现实生活中却并不是件容易的事。想想也有一定的道理。这个不容易是因为人们日常所遭遇的困难、挫折、矛盾并不是与生命直接联系在一起的，还是有退路的。一个人如果被逼到没有路可走时，人的自救意识，与人活下去的意义、坚定的信念和坚强的意志紧密配合。

测一测　你是一个相信命运的人吗

1. 你一直在不断地争取，希望做个上进的人。（　　）

是→2（转到第 2 题）　　不是→3（转到第 3 题）

2. 其实在内心深处，你是个很消极的人。（　　）

是→3（转到第 3 题）　　不是→ 4（转到第 4 题）

3. 在你眼里，感情要比金钱珍贵。（　　）

是→ 4（转到第 4 题）　　不是→5（转到第 5 题）

4. 一旦你付出了，就希望有一定的回报。（　　）

是→ 6（转到第 6 题）　　不是→5（转到第 5 题）

5. 虽然很喜欢倾诉，但要看对方是谁，只对特别的人你才会倾诉。（ ）

是→7（转到第7题） 不是→6（转到第6题）

6. 你说话总是太客观，不会刻意掩饰自己的过失。（ ）

是→7（转到第7题） 不是→9（转到第9题）

7. 尽管自己是错的，但还是会让别人觉得自己是对的。（ ）

是→8（转到第8题） 不是→9（转到第9题）

8. 不喜欢让别人知道自己真实的想法。（ ）

是→10（转到第10题） 不是→9（转到第9题）

9. 奋斗的终极目标，其实就是物质。（ ）

是→10（转到第10题） 不是→11（转到第11题）

10. 如果贫穷的人说他自己幸福，你会觉得很可笑。（ ）

是（A型） 不是（B型）

11. 相比于激烈的爱，你更喜欢思考一些人生理想的问题。（ ）

是（C型） 不是（D型）

测试解析：

A型，你属于与生俱来的富贵命。你的聪明才智是天生的，你具有与生俱来的一种入世的智慧，你觉得只有真实地做事才是正理。你不做没有意义的事情，也不会浪费半点儿时间和精力，因此伤感、忧郁很少，即使有也不会阻止你前行的脚步。你的生命里没有颓废的时候，任何时刻，你的身上都充满了自信和张扬的魅力。也可以说，你是生活在现实里的人，在任何时候你都会表现得很自信，你的社交能力尤其突出。不过这些个性用在感情上可能就太过于现实，感情是需要一些疯狂和偏激的，而你却没有，人生的成功，也需要牺牲很多感情作为代价。

B型，你将有一个复杂而矛盾的人生。你很强硬、善良，而且聪明。这些特点足以塑造一个美好的你，但是你的另一个特点——极度虚荣，却也存在你的体内，注定你是个复杂而矛盾的多面体。这种矛盾经常出现在你的生活中，你常常在真诚的同时，暴露出虚伪的一面，又或者是在别人

感觉你很单纯、实在的时候，你又将你的虚伪暴露了出来，让人觉得你实在太复杂、太矛盾。其实从整体上看，你的聪明和善良还是你的主要特征，你还算是个很单纯的人。

C型，你天生脱俗，将会活得很潇洒。你和别人很不一样，而且你的这种不一样是天生的，你的脑袋总是装一些不同的东西，言行举止总是与众不同。人们都觉得你就是知道得多，你脑子里就是有东西。难得的是，这种与众不同并不是你有意而为，纯粹是天性使然。无论在精神上，还是在想法上，你都跟别人不一样，比别人都要先进那么一截儿，但是生性淡泊、潇洒的你，并不觉得自己有什么不同，你觉得自己就是个普通人，再普通不过了，但是你就是一个与众不同的人。

D型，你是一个心比天高、命比纸薄的丫头命。你并没有什么才能，但是，却总有远大的理想，而且在这个世界上，总是有太多东西无法入你的眼，让你看不惯。你烦恼的事情很多，但是你却也变得快，有时为物质，有时为精神，因此你又很复杂、矛盾。有时你特别想去追求所有的物质，感情在你眼里一文不值；有时，又不顾一切地去追求感情，而物质又成了你眼里的粪土。但是事与愿违，总有很多东西是你得不到的，因此你又表现得特别情绪化，大概是因为你缺乏安全感。在感情上，你的占有欲非常强，对方往往会因为没有自己的空间而离你远去。奉劝你一句，凡事还是脚踏实地为好，平平淡淡才是真。

第二章

救赎你的内心
——学做自己的心灵调节师

在不断塑造自我的过程中，影响我们最大的莫过于是选择乐观的态度还是悲观的态度。思想上的这种抉择可能给我们带来激励，也有可能阻滞我们前进。所以，在生活中我们要救赎自己的心灵，不让负面因素危害自己。

肯定自我， 莫让自卑麻痹心灵

自卑是一种徒然的自我折磨，它不会给人激励，不会给人力量，只会摧残人的身心，盗走人的骨气。被自卑困扰的人，无论对生活还是对学习、工作，都不会有兴趣，因为他们总感觉自己不如别人。这种负面情绪会让人心灰意懒、万念俱灰，失去奋斗、拼搏、锐意进取的勇气。

我们可以依照以下几种方法来摆脱自卑心理。

1. 认清自己的想法

有时，问题的关键并不在于我们想什么，而在于我们如何去想。哲学家斯宾诺莎说过："由于痛苦而将自己看得太低就是自卑。"简单来说就是妄自菲薄、自己看不起自己。悲观的人常常会心情抑郁，而无法摆脱这种情绪。所以，先要改变戴着墨镜看问题的习惯，这样才能看到事情明亮的一面。

2. 放松心情

努力地去放松心情，不要想不愉快的事情。或许你会发现事情真的没有原来想的那么严重，会有一种豁然开朗的感觉。

3. 幽默

学会用幽默的眼光看事情，轻松一笑，你会觉得其实很多事情都很有趣。

4. 与乐观的人交往

乐观的人看问题的角度和方式，会在不知不觉中感染你。

5. 尝试一点改变

先做一点小的尝试。比如，换个发型，化个淡妆，买件以前不敢尝试的比较时髦的衣服……看着镜子中的自己，你会觉得心情大不一样，会发现原来自己还有这样一面。

6. 寻求他人的帮助

寻求他人的帮助并不是无能的表现，有时候当局者迷，当我们在悲观的泥潭中拔不出来的时候，可以让别人帮忙分析一下，换一种思考方式，有时看到的东西就大不一样。

7. 要增强信心

消除自卑的关键还是在于自己。只有自己首先相信自己，对未来充满信心，并乐观地对待每一天，才能使自己生活得更快乐。悲观的人通常并不是缺乏工作或做事的能力，而是缺乏自信。他们自我评价极低，总觉得自己这也做不好，那也做不好。有句话说得好："你说行就行。"面对某件事情的时候，假如你觉得自己能行，可以做，那么你就会付出自己最大的努力去面对它。同时，你知道这样继续下去的结果是那么诱人，当你全身心投入之后，最后等待你的就是"是的，你做到了"；相反，假如你觉得自己做不来，自己的行为就会受到这个意念的干扰，没有了行动的动力，大好的机会就会在你眼前溜走。因为你一开始就觉得自己做不来，所以即使失败了也会为自己找各种各样的借口："看看吧，我说我不行的，真的是做不来!"

8. 正确认识自己

正确认识自己首先要正视自己的过去。要对曾经的成绩有一个恰当的分析与评价。当然，我们说了，这个自我评价要恰当，不要过高或者过低，因为这关系到你能否清楚地认识到自己的缺点和不足，能否正确地了解自己的实力、各方面的素质等。因此，正确地认识自己，首先是要实事求是，既不夸大自己，也不妄自菲薄，这样才能明确自己将要追求的目标。尤其要注意扬长避短，将自卑的压力转化为发挥自己长处的动力，从自卑中超越。

9. 客观全面地看待事物

一个有自卑心理的人，往往会更多地看到不利于自己的一面，而忽视

了对自己有利的、积极的一面，不能对事物进行客观的分析与判断。为了消除自卑心理，我们需要努力提高自己透过现象抓本质的能力，能够发现事物积极的一面，特别是要善于发现自己的潜力和优势，而不是哀叹命运的不公，感慨生活的无奈。

10. 在积极进取中弥补自身的不足

很多自卑的人都是较为敏感的，很容易将外界的信息理解为一种消极的暗示，从而加重自卑感而难以自拔。当然，假如我们能够正视自己的缺陷，并努力去改正它们，奋发向上，积极乐观，一定会获得更多的快乐，从而增强自信，摆脱自卑。

悲观主义者的九大“救赎”

人们都经历过一些小的失意，有人遇到这些失意时，觉得世间一切都不尽如人意，忧郁不安，悲观自怜，结果更加失意，以致失去了人生的幸福和欢乐。正确方法应是：寻找产生沮丧悲观心理的原因，对症下药，寻求解决问题的良好途径。

中国当代小说家张爱玲用自己的一生诠释了悲观对人的影响是非常巨大的。据相关资料验证，无数的矛盾组成了这位女文豪的一生。她既是一个享乐主义者，喜欢把艺术生活化、将生活艺术化，又是一个悲观的人；她既是出自名门的贵族小姐，也是自己口中的自食其力的小市民；她既在小说中去观察生活中的可怜人，又在实际生活中显得冷漠寡情；她既对人情世故了解得非常透彻，却又是一个孤独自傲、我行我素之人。读过她的小说的人应该都有这种感觉：小说中的她一直在跟读者聊天，但现实生活中的她却始终与人保持着距离，没有人真正地了解她的内心。在20世纪40年代，张爱玲是非常出名的，但几十年后，她独自生活在美国。因此，有人这样说：“只有张爱玲才可以同时承受灿烂夺目的喧闹与极度的孤寂。”如果你无法理解她的这种生活态度和生活方式，那说明你是一个普通人。从现代心理学上来看，张爱玲的这种矛盾的生活状态与她的悲观心态是很有关系的。正因为有这种悲观心态，她才无法真正地融入生活，所以，游离于两种极端的生活状态之间。

张爱玲悲观苍凉的色调，深深地沉积在她的作品中，使其作品产生了巨大而独特的艺术魅力。但无论她用怎样细腻轻快的文字，写出怎样可笑或传奇的故事，终不免露出悲音。那种渗透着个人身世之感的悲剧意识，使她能与时代生活中的悲剧氛围相通，从而在更广阔的历史背景上臻于深广。

虽然张爱玲有着比我们常人更为深刻的悲剧意识，但没有达到西方现代派文学那种对人生彻底绝望的境界。之所以会这样，与她个人气质和所受的中国教育是很有关系的。她能在远离传统文化之后独自再回来，而且做得不夸张。所以，她有时沉醉于喧嚣的世俗中，有时又陷入孤独，最后孤老死去。从某些方面来说，张爱玲的一生带有很大的悲剧性。可见，悲观对人的恶劣影响是非常大的。

当我们遭遇到失败或挫折而悲伤时，不妨试试下面 9 招：

（1）越害怕，就越容易遭遇灾祸。所以，一定要拥有积极的心态，要坚信希望与乐观可以指引你走向成功。

（2）哪怕处境危难，也要有积极的精神。只有这样，你才不会放弃获取微小胜利的努力。你的乐观，会让你克服困难的勇气倍增。

（3）用幽默的态度来面对失败。拥有幽默感的人，才更有能力轻松地克服厄运，将随之而来的倒霉念头尽数排除。

（4）不要被逆境困扰，同时不要幻想出现奇迹，一定要脚踏实地，持续努力，全力以赴去争取最后的胜利。

（5）不要悲观。乐观是希望之花，可以赐人以力量。

（6）当你失败时，你要想到你曾无数次获得过的成功，这才是你值得庆幸的事情。如果 10 个问题，你做对了 5 个，那么还是有理由庆祝一番的，因为你已经成功解决了 5 个问题。

（7）在闲暇时分，多与乐观的人接近，观察他们的行为举止。通过观察，你可以很快培养起乐观的态度，乐观的火种会逐渐在你内心点燃。

（8）要知道，悲观并非天生。就像人类的其他情感一样，悲观不但可以有效减轻，而且通过努力还可以转化为一种新的态度——乐观。

（9）假若乐观的态度使你更轻易地克服了困难，那么你就应当相信这样的结论：乐观是成功之源。

五步自我急救法，走出抑郁症

随着生活节奏的不断加快，竞争激烈残酷，人际关系复杂，人们的思想负担不断加重。因此，面带抑郁表情的人群也陡然剧增。那么，究竟该如何让这蓝色的抑郁症不再弥漫，彻底摆脱它呢？

小张是某省税务局的一名公务员，平时安分守己，尽职尽责。有一天，他忽然接到一个通知，一位从未谋面的远房亲戚在美国病故，指定小张为其遗产的继承人。

那是一个价值连城的珠宝店。小张自然万分欣喜，立刻着手准备到美国去。很快一切就绪，即将动身时，他又得到通知，珠宝店被一场大火烧毁了。

小张空欢喜一场，重新回到局里上班。可他好像变了一个人，整日郁郁寡欢，见人便说自己是多么不幸。

“那可是一笔相当大的财产啊，零头都比我一辈子的工资多啊。”他说。

“那你不是还和原来一样，什么也没丢失吗？”他的一个同事说。

“这么一大笔财产，怎么说没就没了呢？”他心疼地哭了起来。

“在一个你从未去过的地方，有一个你从未见过的珠宝店烧了，与你有什么关系呢？”有人开导他。

不久，小张忧郁而死。

抑郁的原因很多，有可能是为失去心爱之物或人而抑郁，也可能是为得不到某样东西而抑郁。抑郁的人大多比较情绪化，多愁善感，时常使人难以捉摸。

我国清代大文豪曹雪芹笔下的林黛玉——《红楼梦》中的“女一号”，虽然最终死于肺结核的并发症大咯血，但是，在她短暂的一生中，困扰她的最痛苦的疾病可能就是抑郁症，“花谢花飞花满天，红消香断有谁怜?”“一朝春尽红颜老，花落人亡两不知。”对花流泪，对月伤心，终日郁郁寡欢，无端烦恼……

心理学家研究发现，最容易得抑郁症的是那些生性敏感、感情细腻的人。它就像一束美丽的罂粟花，妩媚动人，然而一旦上瘾，危害极大。多少出众的人，就是因为患上了抑郁症，才最终做出结束自己生命的选择。

下面介绍5种方法，使你轻松告别抑郁不再沮丧。

1. 广交良友，开解心灵

据研究发现，抑郁症患者的一个最大特点就是：逃避现实，他们习惯闭门独居，而且有点妄自菲薄，总是过分夸大自己的缺点。长此以往可能就会导致抑郁情绪的加重！因此，如果想改变这种恶性循环，你首先必须强迫自己走出去，多接触朋友，多参加社会活动或者组团旅游。尽管开始内心会很痛苦，但是只要坚持一段时间后，负面的情绪感受就会被外部环境慢慢消融，你的自信心就会重燃起来。

2. 适量的运动

不同的运动形式可以不同程度的帮助人们减少压力、放松心情、减轻抑郁情绪，使你精力充沛，增加平衡性及柔韧性。从总体功能上来讲，运动疗法既安全有效又简单易行，但进行新的运动项目之前，一定要同你的医生商议，确定哪种形式的运动最适合你。

3. 心理舒缓压力

抑郁症患者大都心情低落、整日愁眉不展，对什么事情都丧失了兴趣，这时想要走出抑郁情绪，加强抑郁症自我调节最直接的方式就是——多培养一些能够转移注意力的兴趣和爱好。抑郁症患者不要独来独往，积极参加一些集体活动，多与家人进行感情交流。尝试着做一些轻微的体育锻炼，也可以看看电影、电视或听听音乐。

4. 做一些富有建设性的工作

人之所以会产生惰性，往往是由于抑郁导致的。如果想要克服惰性，那就行动起来吧。其中，抗争惰性的一个很好的方法就是，在你每天早晨起床之后，把这一天你要做的事情列个清单，不管是大事小事，都要囊括其中。如果你还是个学生，那就把各门课程需要做的事情都详细列出来，一定要考虑自己的能力，不能对自己要求过高。哪怕所列清单只有几项，只要你能完成就行了。

5. 主动帮助身边的人

通过实践证明，乐于助人能使人精神健康。很多心理医生发现有些神经症患者慢慢康复就是得益于他们之间的互帮互助活动。在你帮助别人的时候，在潜意识中问自己有没有这样的问题，如果在自己身上也存在，那么对他人就能表示理解。那些患抑郁症的人往往是脱离群体的人。

学会调节自己的嫉妒情绪

嫉妒对当事人双方来说，有百害而无一利，既折磨自己，又伤害他人，严重者甚至会酿成恶果，悔恨终身。总之，嫉妒是一种恶习，是与和谐社会不相容的一种情感反应，但是它又是一种普遍的社会心理现象。所以，正视嫉妒心理，对它进行积极矫正是非常重要的。

他被人捆绑起来塞进麦秸垛，淹没于熊熊大火；他被大火几乎烧焦，其状惨不忍睹；他原本拥有快乐的童年生活，现在却由痛苦相伴。他就是年仅 5 岁的河南周口鹿邑县高集乡魏庄村的悲惨男孩秦明河，他的遭遇令人痛心，他的处境令人牵挂……而烧伤他的竟然是他称作“大娘”的邻居张参。

一天下午，小明河去邻居家找他的玩伴——张参的儿子玩时，没想到被张参捆住手脚塞进麦秸垛洞中，放火焚烧。不久，小明河的妈妈段红霞前来寻找儿子，才使小明河保住一条命。但是，小明河全身已经被严重烧伤，烧伤面积达到63%。

事出总是有原因的，这件事的直接原因是，上午被告人张参和小明河的母亲段红霞为了琐事发生一些小矛盾，但是根据张参的交代，根本原因却是，张参的丈夫和段红霞的丈夫均在北京打工，段红霞的丈夫收入较高，她丈夫收入却较低。看到段红霞家日子越过越好，张参心生嫉妒，特别是还有一个5岁的聪明可爱的小明河，她越想越气，越气越恨，于是产生了破坏心理，将罪恶的手伸向了小明河。

生活在这个多元的社会之中，每个人总会有那么一些方面技不如人。面对他人的优势，如果心存羡慕，并能由此激发自我奋发图强的精神，固然很好；但是如果嗤之以鼻，“妒人之能，幸人之失”，就会上演一出出嫉妒的闹剧。

改变嫉妒心理，需做到以下6点。

1. 真实客观，评价自己

客观地讲，一个人限于主客观条件的限制，不可能事事如人，时时超人。当嫉妒心理萌芽时，只要能认识到上述现实，并且对自己做出客观地评价，就能控制自己，在自己与他人的差距中寻找解决问题的方法和提升自己的策略。

2. 心胸开阔，换位思考

心胸开阔，以诚待人，可以帮助人们摆脱一切私心杂念，当面对别人的优点和成绩时更不会产生嫉妒心理。嫉妒，往往会给被嫉妒者带来无尽的烦恼，适当的换位思考，嫉妒之心自然就会收敛不少。

3. 寻找快乐，转移注意

积极有益的活动，舒畅愉快的心情，可以使人拥有无限的快乐，这样，嫉妒之心自然就会远离你。当嫉妒之心真的到来时，把注意力转移到那些快乐的事情上去，让自己“忙碌”起来，这样就不会有闲余时间去胡思乱想，扰乱心情了。

4. 欢迎超越，见强思齐

每个人都渴望自己有所成就，但是当自己在某方面的成就不及别人

时，不同的人会有不同的对待方式。平庸庸俗的人面对别人的成就只会心生嫉妒，而高尚聪明的人则积极地接纳他人，欢迎他人超越自己。人在喜欢与接收自己的同时，还应该客观地看待别人的长处，见贤思齐，这样才能化嫉妒为动力，做个高尚的人。

5. 抑制自我，宣泄自我

怀有嫉妒心理的人，其内心也是非常痛苦的，在嫉妒还没有发展到非常严重的程度时，适当的抑制和发泄是十分必要的。此时，最好找知心的亲友，痛痛快快地说个够，然后由他们进行一番开导，这样即使不能根除嫉妒，也可以遏制嫉妒萌芽，以免它朝向更深的方向发展。

6. 目标明确，正视荣誉

培根曾说过："嫉妒心是荣誉的害虫，要想消灭嫉妒心，最好的方法是表明自己的目的是在求事功而不求名声。"所以，在有某种想法并开始行动时，一定要明确此行的目标，以及荣誉的地位。

拿什么拯救你，焦虑不安的心

焦虑是每个人都有的情绪体验，要防止它成为病态，就要寻找各种能舒缓压力的方式。面对焦虑，面对真实的自己，是化解焦虑的最佳良药。让我们一起化焦虑为成长的契机，做个自在、心无挂碍的现代人。

刚刚参加工作的张凡最近一段时间不知道为什么，老是为一些微不足道的小事忧虑，以至于影响了正常的工作和生活。

例如，不知道是什么原因，张凡竟然对自己之前非常喜爱的钢笔讨厌起来。当他看到被磨得非常平滑的钢笔尖儿的时候，他就非常不舒服。不仅如此，他还非常讨厌那只钢笔的颜色，黑色让他感到压抑。所以，他决定不使用它了。他又买了一支灰色的钢笔，可看着它，张凡心里也难受。那这次又是为何呢？原来在他买钢笔的时候，张凡看到售货员是个年轻漂亮的姑娘，所以特别紧张。更夸张的是，他竟然满头冒汗，他觉得别人肯定看见了，于是自尊心受伤。所以，看到这支钢笔，就让张凡想起自己出丑的事情。他恨不得扔了它，但回过头来想想，这不是跟自己过不去吗？钢笔是自己新买的，不仅花了钱，关键是还没用呢。所以，打消了这个念头。

还有一次，张凡买了一个小塑料盒，主要是用来盛饭。但看到这个盒子，他突然想："这是不是聚乙烯的？"因为张凡曾经看过一篇报道，说聚乙烯的产品是有毒的，不能盛食物。这下张凡又紧张起来了："这个小塑料盒到底有没有毒呢？如果有毒的话，我使用了它不就相当于慢性自杀吗？如果没有毒，我不用它不就白白浪费了……"

有一天，张凡又为头上的两个"旋儿"而苦恼起来。他听人说"一旋好，俩旋孬，两个顶（旋），气得爹娘要跳井"。真有这么回事吧？要不为什么自己经常惹父母生气呢？可许多有两个旋的人也不像自己这么怪呀！这个念头令张凡终日忧虑不已。

张凡就这样一直在忧虑的旋涡中徘徊、挣扎着……

可怜的张凡在忧虑中不断地折磨自己，这就是一种典型的焦虑心理。

其实，很多人的焦虑情绪都是没有原因的。它是一种可能随时出现的令人不愉快的紧张的心理状态。适当的焦虑是有好处的，如它可以提高人的警觉度，充分调动身心潜能。但如果过度焦虑，那么，你就整天处于一种不安的状态，根本无法正常生活。

处于焦虑状态时，人们常常有一种说不出的紧张与恐惧，或难以忍受的不适感，主观感觉多为心悸、心慌、忧虑、沮丧、灰心、自卑，但又无法克服，整日忧心忡忡，似乎感到灾难临头，甚至还担心自己可能会因失去控制而精神错乱。在情绪上整天愁眉不展、神色抑郁，似乎有无限的忧伤与哀愁，记忆力衰退，兴味索然，注意力涣散；在行为方面，常常坐立不安，走来走去，抓耳挠腮，不能安静下来。

下面就教你几招轻松化解焦虑。

1. 进行耗氧运动，以振奋精神

如果你感到焦虑，可以通过强耗氧运动来振奋自己的精神。强耗氧运动主要包括快步小跑、快速骑自行车、疾走、游泳……在进行这些运动的时候，可促进血液循环，从而改善身体对氧的利用。另外，在大量利用氧的过程中，所有的不良情绪会随着体内滞留的浊气一起排出。这样你就会感觉精神振奋，一身轻松，任何心理问题都消失得无影无踪了。

2. 休闲常听音乐，以改变心境

听与自己的心境合拍的音乐可以使一个心情不好的人变得心情很好。当人们在听音乐的时候，他就会感觉自己无法言说的情绪都通过音乐“说”出来了，此时，心情就会无比的舒畅。

3. 选择适宜颜色，以滋养身体

美学家通过研究多人的行为发现，犹如维生素能滋养身体一样，颜色能滋养心气，而且效果较明显。要注意选择适宜的颜色，凡是能使心情愉快的鲜明、活泼的颜色以及具有缓和和镇静作用的清新颜色都可采用。这样，可使你的视觉在适宜的颜色愉悦下，产生滋养心气的效果，并使心理困扰在不知不觉中消释。

4. 做一个三分钟放松运动操，以缓解焦虑

一分钟“抬上身”——缓慢地使身体向下触及地面，双臂保持俯卧撑姿势，然后双手向下推，胸部离开地面，同时抬头看天花板，吸气，再呼气，使全身放松。

一分钟“触脚趾”——双手手掌触地，头部向下垂至两膝之间，吸气。保持这个姿势，再抬头挺胸，同时呼气，全身放松。

一分钟“伸展脊柱”——身体直立，双腿并拢，在吸气的同时将双臂向上伸直举过头，双掌合拢，向上看，伸展躯干，背部不能弯曲，然后呼气放松。

浮躁的情绪， 需要自我救赎

近年来，浮躁似乎成了现代人的一种通病，各种人群都深受影响。青年人不能安心向学，中年人工作中表现得焦虑不安，思想不停摇摆，老年人对社会失去信心与耐心，失望情绪挥之不去。曾经有不少的哲学家和心理学家都深入研究过这种全民浮躁现象，有的甚至将其称为“时代的基本焦虑”。

浮躁的产生有深刻的时代根源，如社会整体节奏加快、人际关系日益淡漠和功利化、生活和工作不稳定、人生发展没有稳定的预期、竞争激烈和天灾人祸等，都是浮躁的诱因。

从古至今，中国人对“浮躁”都是排斥的，是极力反对的。《论语》说“欲速则不达，见小利则大事不成”“小不忍，则乱大谋”“三思而后行”等，都是前人劝诫后人戒骄戒躁，学会隐忍和含蓄，学会谨慎、沉稳的明智之言。毛泽东曾经说过：“夺取全国胜利，只是万里长征走完的第一步，我们务必要继续保持艰苦奋斗的作风，务必要继续保持谦虚谨慎、戒骄戒躁的作风。”可见，中国五千年文化的一大特点就是沉稳、含蓄，淡泊以明志，宁静以致远。

小李是某研究所的文艺学研究员。搞研究是一个需要耐得住寂寞，坐得住板凳，静下心来的学术职业，快不得、躁不得、懒不得、错不得，要求相当高。有一天，小李在书库里翻了大半天的资料，忽然烦躁起来，心想，这样做事效率真够低的，得多长时间才能出新的有价值的研究成果啊，何年何月才能出名啊！

小李开始怀疑自己的选择了，为什么自己当初要选择进研究所搞研究呢？三年已经过去了，那些下海经商的同学现在大多已经有了自己的房子，结婚生子，而自己现在还是住在单位的单身宿舍里。

一想到这些，小李的心不自觉地浮躁起来，根本无法静下心来去阅读资料，直到进入该项研究的最后几天，他才找出了同类研究课题的一些研究成果，稍微改编了一下，算是完成了工作。

但是他的论文发表之后，研究所很快就接到了投诉电话，说他的文章中出现了整段抄袭现象。小李知道自己犯了一个极大的错误，再

也没有颜面留在研究所里了。

就是因为浮躁，小李最终不仅没有成名，反而落得个失业的结局，这种教训需要我们加以警惕，保持理智的头脑，一句话：要想做成事，没有一份平淡与从容是绝对不行的。

浮躁心理必须给予及时的克服，不妨参考以下几点建议。

1. 制订长久的计划

浮躁的人往往急功近利，比如学英语，可能希望三个月，甚至一个月就达到听说读写的程度，于是决定每天早上读两小时，晚上学习两小时，这样坚持不了一个星期就受不了了。反倒不如每天坚持半小时，长久之后，收获肯定大。去除浮躁，一定要明白事情有一个循序渐进的过程，对自己的目标要制订一个合理的长久计划，如果自己不能决定的话，可以请老师、父母帮助，他们经历得多，看问题会更加长远。

2. 调节好自己的心理状态

当心情不好或为学习而烦躁时，可以放一曲优美、舒缓的音乐，来减轻心理上的负担，等心情平静下来了，再全身心地投入到学习中。这样，就会心无杂念、专注学习，慢慢地，浮躁的心理自然就会消失。

3. 遇事时要善于思考

考虑问题时要从现实情况出发，最好不要跟着感觉走，目标要切合实际，在实践的过程中要有坚强的意志，从而走向成功的彼岸。

付出努力不一定就会收获结果，关键是过程。总之一句话，人无贪心就不会浮躁，踏实地走过一生，不要总羡慕那些所谓比自己成功的人，不要拾起芝麻丢了西瓜。

4. 培养毅力

明白毅力是成事的根本，没有哪件事情是一蹴而就的，它在一个人的成功当中至关重要。可以从生活中的小事做起，比如每天坚持做仰卧起坐，可以从 10 个、20 个开始，逐步增加，过一段时间，自己可能就可以做 100 个了，在这种成就感的驱动下，毅力也会慢慢培养起来。

5. 要有一鼓作气拼到底的思想

心浮气躁，不想坚持的时候，闭上眼睛深呼吸，告诉自己一定要坚持下去，不把问题解决掉绝不做其他的事情。不管事情有多难，也要有一股拼搏到底的精神。

放下不幸， 学会微笑着生活

人，不可以在痛苦的泥潭里不能自拔，遇到可能改变的现实，我们要向好处努力；遇到不可能改变的现实，不管让人多么的痛苦不堪，我们都要勇敢面对，学会用微笑面对生活。

微笑与好心情是相互联系的。当我们给大脑一个“笑”的刺激时，大脑的某些区域被激发，并释放出特定的化学物质，从而使我们乐观激昂，而这种强烈的情绪反应会波及整个身体，身体里聚集的能量就会突然地被释放出来，这时的我们，就会拼命地搜寻使自己心神愉悦的事物。当我们处于这种情绪状态中，就会感到世界万物都是很美好的。这正如我们看到一个微笑的脸庞时，我们就会有平稳、愉悦的情绪体验。

从微笑可以带来好心情可知，心情是可控的，只要我们保持微笑，我们就可以拥有美好的心情。虽然我们体内的情绪机制就像一只潜伏在心灵深处的巨兽，既不能消灭情绪，也不能把它囚禁在笼子里。但是我们能够通过自我控制，给大脑送去一个“微笑”的信号，经过情绪机制的调控，微笑信号就会聚集身体的能量使整个身心愉快起来。这如同我们对自己说“笑一笑”，之后我们会不由自主地抿起嘴角让它上翘，双眼眯起，脸部肌肉放松，心情也随之舒缓许多。

微笑的你，能够得到更多的微笑，能够为你和其他人营造良好的情感氛围。你会在这快乐祥和的气氛中，找到归属感、安全感，更能找到人间的真诚与信赖。

微笑除带给我们好心情之外，还给我们带来更多……

微笑真的可以治病吗？答案是肯定的。从生理上讲，微笑可以治疗各种疾病。如微笑能加快肺部呼吸，增加肺活量，促进血液循环，使血液获得更多的氧，从而更好地抵御各种疾病的入侵。生理学家巴甫洛夫说过："忧愁悲伤能损坏身体，从而为各种疾病打开方便之门。可是，愉快能使你肉体上和精神上的每一现象敏感活跃，能使你的体质增强。药物中最好的就是愉快和欢笑。"

在中国，传说中的古代名医华佗，就曾经利用"微笑"这一奇特的"良方"，治好了一对小姐妹的病。

> 一天，当他路过一个村庄时，遇见一对小姐妹眼睛红肿如桃。华佗得悉，姐妹俩深深怀念着死去的父母亲，日思夜哭，日子长了就得了重病。华佗对此深表同情。华佗告诉她们："你们只要每天抓足心四十九下，不出半个月，保证治好你俩的病。不过，要当心，抓多了不灵，抓少了也不行。"说完就走了。姐姐不相信，没有按照华佗的嘱咐去抓，两眼红肿不消。妹妹则一有空就抓起来。谁知手指刚刚抓到足心就发痒，忍不住要笑。每天如此，不停地抓啊，笑啊。果然，不到半个月，妹妹的眼疾就痊愈了。不久，姐姐也仿效妹妹的做法治好了眼疾。

测一测　你快乐吗

快乐对于人类来讲是非常重要的情感。但是什么才能让你体会到真正的快乐呢？是物质的丰裕，还是精神的富足？你是个快乐的人吗？下面的测试会帮你给你的快乐打分。

此项测试共有 20 题，你只需按自己的实际情况选"是"或"否"即可。

1. 一个人完全可以把大多数精力花在自己的个人喜好上，哪怕比社会交往和本职工作还多也没关系。(　　)

2. 在做某件事时，为了避免有意外情况发生，应该对事情完全清楚明

了之后，在肯定不会出问题的情况下，再着手去做。（ ）

3. 一个身体有这样那样问题的人，很少能体会到生活的快乐。（ ）

4. 清晨，从梦中苏醒过来的时候，在被子里多享受一会儿，比第一时间穿衣、起身的感觉更让人愉快。（ ）

5. 如果某人对目前生活状态的判断过于实际，他会感觉到已经定好的人生目标很可能无法完全实现。（ ）

6. 一个人在对你说话时表现得很狡黠，但从他的笑容、神态、语调中仍能体会到他内心的真实想法。（ ）

7. 虽然大多数人喜欢在万籁俱寂的深夜入眠，但也有不少人更喜欢在晨曦微露时分安然入梦。（ ）

8. 与别人对你的表扬相比，你更关心别人对你的负面评论。（ ）

9. 对男人来说，女人的个性过强，要与其相处融洽是很困难的。（ ）

10. 做事认真仔细、能够吃苦以及从不骄傲、好学的人，比一些循规蹈矩、安于现状的人更令人喜爱。（ ）

11. 你所追求的事情因某种意外而被迫中断，为此你十分懊恼。（ ）

12. 由于女性所经受的困难以及不好的境遇相对较多，所以与男人相比，她们更能对某一事物进行深入细致的分析和评判。（ ）

13. 一个人如果获得一笔巨额的财产，就会觉得十分幸福、快乐。（ ）

14. 你觉得社会科学、宗教信仰有道理吗？你崇拜过某个人吗？（ ）

15. 人们经常会将自己沉浸在幻想中，因为他可以把自己想象成无所不能的勇士。（ ）

16. 在一般情况下，你都会选择在人少的地方出现，因为你认为在人群聚集的地方会感到烦躁、心神不宁。（ ）

17. 一个完全可以掌控自己人生的人，当然也有能力把握自己的每一次机遇和挑战。（ ）

18. 在这个城市从事不同行业的大多数人中，你所得到的工资待遇是比较丰厚的。（ ）

19. 正常情况下，人们是不会也不该和自己并不喜欢的人结婚。（ ）

20. 你对自己身边的人都持肯定的态度，对此，你会感到如何？

（1）自己头脑十分简单，因为也许这些人最终会背叛自己。(　　)

（2）并不觉得自己头脑简单，因为你感到这些人都值得信赖和依靠。(　　)

（3）并不觉得自己头脑简单，因为你完全可以对自己信赖什么人负责。(　　)

计分方式：

1. 是　2. 否　3. 是　4. 否　5. 否　6. 否　7. 否　8. 否

9. 否　10. 否 11. 否 12. 否 13. 否 14. 是 15. 否 16. 否

17. 否 18. 否 19. 是 20. （1）是（2）是（3）否

在所有题目中，第20题，如果你的答案与所给答案相同，那么给自己加2分，其余各题每一个相符的回答计1分。将你的所有得分相加，得到的总分便是你这项测试的分数。

有专家统计，一般人的得分是14分左右。

测试解析：

0～11分：这是一个比较低的分数，说明你目前生活的快乐指数也相对较低。学一学用快乐的眼睛去发现多彩人生吧。

12～14分：这是个一般性的分数，你对快乐的体验也基本处于中间状态，你只能体会到事物最表层显露出来的快乐或忧伤，并不善于过多地深入分析。

15～16分：这个分数应属于良好，你能够以比较积极的心态对待生活，也能够从生活中发现快乐，生活得相对充实。

17～22分：这个分数应为优良，你是一个真正快乐的人，知道如何在不尽如人意的生活中体会掩藏得很深的快乐。你的处世方法、处世心态都值得称赞。

第三章

驾驭你的内心
——控制自我方能管理自我

古人云："天将降大任于斯人也，必先苦其心志，劳其筋骨，饿其体肤，空乏其身，行拂乱其所为，所以动心忍性，曾益其所不能。"古之成大事者，往往能做到"动心忍性"。而这种自制力的来源就是自控心理，一个人只有认识自我，才能战胜自我、超越自我。

学会控制自己，不要放任自己

如果说我们在生活和学习中日积月累所养成的习惯、惰性和放任之所以没有成为主宰我们自身的主宰，反而被我们所制伏，正是因为我们运用了自我约束的能力，这种能力又被称为“自制力”。换句话说，具备这种能够抵制、克服各种诱惑的能力，正是我们自身具有坚强品质的最佳体现。

确实，自制可以使我们在做任何事情时都能保持正确的方向、良好的动机，并且运行于理想的轨道上。倘若将自制力发挥于运动竞技场上，它仍旧是争取胜利的关键。如果你对足球稍有研究，你应该知道德国足球队在世界赛场上屡创佳绩，并以顽强的风格闻名于世。众所周知，无论处于多么恶劣的境况下，德国足球队都会拼搏到最后一分钟。

德国足球队的成功固然与球队训练有素有着密切的关系，但最重要的一点是球员们都拥有良好的自制力。在贯彻教练意图、完成自己所担负的任务方面，他们没有一丝一毫的放任，总是忠于自己的职责。曾经有人说过德国队不懂足球艺术，表现死板、不够灵活，但事实胜于雄辩。作为职业球员，他们表现出了神奇的自制力，并且用成绩证明自己是优秀的。

文思·隆巴第是美国橄榄球史上一位了不起的教练，在他精心的调教下，美国绿湾橄榄球队取得了令人难以置信的骄人成绩。

文思·隆巴第告诉他的球员：“我只要求一件事，那就是一定要取得比赛的胜利。如果不把目标定在非赢不可上，那比赛就没有丝毫的意义。

你们要跟我一起工作，除了照顾好你们自己、你们的家庭和球队之外，你们必须克制自己，摒弃及抗拒其他一切诱惑。”

不仅如此，他还告诫球员，除了控制好自己，比赛时还要不顾一切地去得分，不必理会任何人的阻拦。无论面前是一辆战车还是一堵墙，无论对方有多勇猛，你都不能止步不前，也不能让这些阻挡你得分。

正是这种高度的自制力，才使绿湾橄榄球队的队员拥有了令人啧啧称奇的顽强战斗力。在比赛中，队员们克制了一切私心杂念，在他们的眼中只有胜利。为了夺取胜利，他们暂时抛下一切，专心一致奋勇向前。每个人都希望自己在别人眼中是优秀的。如果优秀是我们的目标，那么我们便不能随心所欲、感情用事，必须对自己的言行有所克制，这样才能减少自己犯错的概率，不致铸成大错。

要主宰自己并主宰自己的命运，必须对自己有所约束、有所克制。如果缺乏自制力，就像是汽车缺少了方向盘和刹车，很难避免犯规、闯祸，甚至发生撞车、翻车等意外。想要避免意外的发生，最基本的做法当然就是培养自制力。

是的，人要学会控制自己，不要放任自己，更不该使自己迷失于懒惰和贪玩之中。自我约束就等同于自我提升，任何一个人自成年起，都到了为自己作决定、为自己负责的年龄。如果你还学不会控制自己，将来有一天只怕你将会置身于自掘的坟墓中哀叹，你将无力推开堵住坟墓出口的岩石。现在，你必须果断起来，好好学习，确定自己人生道路的方向。这样，你才能让生活安定，不再像秋风中的落叶一样飘忽不定，过着漂泊的日子。

大部分年轻人喜欢随心所欲，凭一时的兴趣行事。然而，我们能享受到的生活乐趣和所拥有的功成名就都源于凭借自身自制所做出的调整与转变。

如果你能够趁着年轻力壮、精力充沛的时候学会自制，并让自制伴随参与你的整个人生，幸福、愉快和欣慰将能够持续下去。

学会自控，驾驭自我

金无足赤，人无完人，人最大的敌人就是自己。只有能够战胜自我的人，才是真正的强者。很多时候，一个人是否有自控心理，是否有自控力，其意义就好像汽车的方向盘对于汽车一样。不难想象，一辆汽车如果没有方向盘的话，它就不能在正确的轨道上运行，最终也只能走向车毁人亡。而一个自控心理强的人，就像一个有着良好制动系统的汽车一样，能够在很大程度上随心所欲，到达自己想要去的任何地方。因此，我们可以说，美好的人生就是从自控心理开始的。

巴西球员贝利，被人们称为“世界球王”“黑珍珠”，在很小的时候，他就在足球方面表现出惊人的才华。

那次，贝利和他的同伴们刚踢完一场足球赛，已经筋疲力尽的他找小伙伴要了一支烟，并得意地吸起来。这样，原先的疲劳就烟消云散了，然而，这一切被他的父亲看在眼里了，父亲很不高兴。

晚饭后，父亲把正在看电视的贝利叫过来，很严肃地问：“你今天抽烟了？”

“抽了。”贝利知道自己做错了事，但也不敢不承认。

令他奇怪的是，父亲并没有发火，而是站起来，在房间里来回踱步，接着说：“孩子，你踢球有几分天资，也许将来会有出息。可惜，抽烟会损害身体，你现在如果抽烟了，将使你在比赛时发挥不出应有的水平。”

听到父亲这么说，小贝利的头低得更低了。

父亲又语重心长地说：“虽然作为父亲的我，有责任也有义务教育你，但真正主导你人生的是你自己，我只想问问你，你是想继续抽烟，还是做一个有出息的足球运动员呢？孩子，你已经长大了，应该懂得如何选择了。”说着，父亲从口袋里掏出一沓钞票，递给贝利，并说道："如果你不想做球员了，那么，这笔钱就给你做抽烟的经费吧！"父亲说完便走了出去。

看着父亲的背影，贝利哭了，他知道父亲的话有多大的分量。他猛然醒悟，拿起桌上的钞票还给父亲，并坚决地说："爸爸，我再也不抽烟了，我一定要当个有出息的运动员。"

从此以后，贝利再也不抽烟了，不但如此，他还把大部分时间都花在刻苦训练上，球技飞速提高。15岁参加桑托斯职业足球队，16岁进入巴西国家队，并为巴西队永久地拥有"女神杯"立下奇功。如今，贝利已成为拥有众多企业的富翁，但他仍然不抽烟。

欲胜人者先自胜！胜人者有力，自胜者强。谁征服了自己，谁就取得了胜利。学会自控，征服自己的一切弱点，正是一个人伟大的起始。大凡成功的人，都有极强的自控力。

"上帝要毁灭一个人，必先使他疯狂。"这句话的意思是，一个人，一旦失去自制力后，那么，他距离灭亡也就不远了。的确，一个人连自己的行为都不能控制，又怎么能做到以强烈的力量去影响他人，获得成功呢？

失去控制的人生最终会使你失败。唯有自制的人，才能抵制诱惑，有效地控制自身，把握好自我发展的主动权，驾驭自我。一个人除非能够控制自我，否则他将无法成功。

用自律管住自己、管好自己

人作为一个个体，作为自我的主体，是自己的主人，也是自己的敌人，所以，除了他自己，谁也约束不了他。如果他没有自律精神，再严厉的纪律对他来讲也只是形同虚设。所以说，真正能够管住他自己的不是来自组织纪律的约束，而是源自自律精神的自我约束。如果你想变得越来越

优秀，如果你想走向成功，这种自律精神是不可或缺的。自律就是管住自己、管好自己，它能使人自知，能使人学会战胜自己，能使人养成良好的行为习惯，能使人获得行动的自由，能使人高尚起来……自律表现在懂得自爱、勇于自省、善于自控。

自律通常等同于自制力。自制力是指日常生活中和工作中善于控制自己情绪和约束自己言行的一种能力。一个意志坚强的人绝对具备足够的自觉力，以调控自己的言行。所以说，自律是一种美好的素质，更是一种伟大的信仰。

缺乏自律的人只有靠外力来管束自己；不能自律的人，只能做些听人差遣的工作；完全缺乏自律的人，终究难以有所成就；对于拥有自律精神的人来讲，往往更能坚持自己的信念，不容易动摇，而这都是获取成功的必要因素。

有人认为，一个人的价值和其渊博的学识、聪明的大脑、拥有的财产成正比。这样的想法虽然有道理，但却绝不是真理，因为一个人的成就，除了取决于他的能力之外，还要看他是否有坚定的信念。一个人只有当信念越来越坚定时，自律能力才会跟着变强大，执行力也因此而得到提升。

一位心理学家始终搞不明白，为什么不同的人对于同一件事情会产生不同的心理状态？为了解开这个疑惑，他来到一座正在建设中的大教堂，对现场忙碌的敲石工人进行访问。

心理学家问他碰到的第一位建筑工人："请问你在做什么？"工人有气无力地回答："在做什么？你没看到吗？我正在用这个重得要命的铁锤来敲碎这些该死的石头。而这些石头又特别硬，害得我的手酸麻不已，这真不是人干的工作。"

心理学家又找到第二位建筑工："请问你在做什么？"第二位工人非常无奈地回答说："为了每天那点儿可怜的工资，我才会做这份工作，若不是为了一家人的温饱，谁愿意干这份敲石头的粗活？"

最后，心理学家问第三位建筑工人："请问你在做什么？"第三位建筑工人的眼光中闪烁着喜悦的神采："我正参与兴建这座雄伟华丽的大教堂，落成之后，这里可以容纳许多人来做礼拜。虽然敲石头的工作并不轻松，但当我想到将来会有无数的人来到这儿再次接受上帝的爱，心中便常为这份工作献上感恩。"

心理学家事后说："毫无疑问，第三位建筑工人将成为一个优秀的人，因为他有自己的信仰，而这种信仰让他对工作充满了激情，因此更能自律、执行力更强。"

正如诙谐作家杰克森·布朗所说："缺少了自律的才华，就好像穿上溜冰鞋，眼看动作不断可是却搞不清楚到底是往前、往后，或是原地打转。"如果你知道自己很有才华，而且付出的也不少，却又看不见太多成果，那么你很可能缺少自律。

学着自律吧，回顾你上个星期的日程，看看有多少时间是花在规律性的活动上？你是否在专业方面提升了自己的能力？是否注重身体的锻炼和保养？你的收入是否有部分留做储蓄或投资？如果以上问题的答案都难以肯定，而你正安慰自己以后再做也不迟，或许你可能需要在自律上下一些功夫了。

培养自律的习惯，需做到以下几点。

1. 认识到自律的重要性

人与人的智商差别很小，很多竞争比的就是人与人之间的耐力。许多做事情的方法都是现成的，每个人都可以轻松获取，而机遇又是稍纵即逝，所以能不能运用方法并把它持续坚持下去尤为重要。

2. 培养定期反思的习惯

保持定期的反思，坚持自律的惯性就更好，在坚持自律的实践中会不断出现好的结果，这也是促进坚持自律的动力。

3. 设定一个合理的目标

目标产生动力。没有目标，无所谓动力不动力，一切随遇而安，随心所欲。有了动力，就给自律带来了很大的支持理由。

4. 敢于适当透露一下目标计划

有很多人不轻易透露自己的目标计划，除了怕泄露外，另一个重要的因素就是，害怕没有实现而造成别人不好的评论和印象。反过来想，我们做了适当的透露，就逼着我们更要坚持自律，否则难以面对外部评价。这就是外部的监督力量，迫使我们坚持下去，而不轻易放弃。一旦成功，我们获取的又会是更大的成就。

控制自我是能力的实现

没有自控力的人是可怕的，不但其思想会肆意泛滥，行为更会如此。有人喝酒成瘾、上网成瘾等，无一不是缺乏自制力的表现。

一个失去自控能力的人是不会得到命运的眷顾与垂青的。那些以为自制就会失去自由的人，对“自由”与“自制”的意义显然还没有深刻地领会。因为自我控制不是要以失去自由为代价，恰恰是为了保证自由最大限度地实现。

韩愈自幼父母双亡，是哥哥嫂嫂把他抚养成人，因此，他比一般的孩子更成熟、更努力。从七岁开始，他便出口成章。后来，哥哥因为官场受牵连，被贬岭南。他只好和哥哥嫂嫂一起搬迁。又过了几年，哥哥死了，他跟着嫂子，带着哥哥的灵柩从岭南回到中原。那时，兵荒马乱，只得半路停在宣州（今安徽宣城）。可以说韩愈命运坎坷，历尽艰苦。

尽管生活如此凄苦，但韩愈并没有被击垮，反而更激发了他对学习的热情。在后来的《进学解》一文中，韩愈曾借学生的口气说出了他在治学方面所下的功夫。

“焚膏油以继晷，恒兀兀以穷年。”这句话的含义是：白天需要苦读，即使到了夜里，还是会点煤油灯继续用功，努力不懈。正是靠着这样的努力，韩愈的学问才如此精湛，尤其是散文写得气势磅礴，文采斐然，成为“唐宋八大家”之首的大文豪。

韩愈的一生坎坎坷坷，但勤奋的他最终取得了文学上的辉煌。人的本性中，有很多消极的部分，其中就有惰性。无疑，懒惰是成功的障碍。而克服惰性，就需要你学会自制。反之，如果一个人自认为聪明就不继续学习，那么，他就无法使自己适应急剧变化的时代而面临被淘汰的危险。

具体可以从以下几个方面训练控制自己的能力。

1. 充分预测困难，做好准备

在朝着这个目标去做的过程中，会有很多困难接踵而至。如果在做事之初没有准备好，那么这样的突袭会很容易使你的意志溃不成军。所以在做每件事情之前，都要充分预测可能遇到的阻碍和诱惑，并为之做好准备，想到应对的办法。

2. 全局思考

通常情况下，当我们想去做一些不必要的事情寻求快乐的时候，为了让自己心安理得，我们会给自己找一些借口，比如，郁闷、没心情学习等，这些借口大部分是过分强调即时性，实际上我们是有意识地过分夸大了这些看似紧急但毫无意义的事情。这时我们可以微笑着问自己：“是不是借口?”然后再从全局来考虑：我们是不是要追求远大的目标，长久的快乐？我们的人生目标难道是看更多的精彩节目？这些即时的东西对我们有什么实质的帮助？相比学习，如果去贪图眼前的小快乐，自己将会损失那个远处的大快乐，值不值？权衡之下，你会做出明智的决定。

3. 多分析结果

你不妨学习那些成功人士思考问题的方式，让自己的心静下来，多分析分析事情的前因后果：如果多花些时间学习，会取得什么样的结果；如果贪玩，把时间花在上网、玩游戏、吃喝玩乐上，又会有什么样的结果。关于这些问题的比较，其实，你可以列一个表，在表里，填下现在忍耐吃苦的话，将来会获得什么快乐；现在急于求乐的话，将来会承受什么痛苦。相比之下，你就能看到事情的不同面和不同结果，自然也就知道眼下

自己该做什么了。

4. 给自己找一个学习的榜样

这种方法，需要你首先选定几个你认为已经很成功的人，比如，比尔·盖茨、戴尔·卡耐基、松下幸之助、李嘉诚、李政道……当然，你也可以选择一个你认为自制力很好的人，了解一下他们是怎么勤奋工作学习的。有了榜样，你就会想到那些人正在干什么，你也就可以自觉地取舍了。

自制力的获得不是一蹴而就的，需要我们在日常生活中不断地“修心”，只有训练出自制的心，才能有效地控制自身，才能驾驭自我，最终驾驭自己的人生。

避免过度自控的两点建议

心理学中，自控能力属于非智力因素或非智力心理品质的一个重要方面。自控能力，也就是自我控制能力，是自我意识的重要部分，它是个人对自身的心理和行为的主动掌握，是个体自觉地选择目标，在没有外界监督的情况下，适当地控制、调节自己的行为，抑制冲动，抵制诱惑，延迟满足，坚持不懈地保证目标实现的一种综合能力。

自控能力是一种内在的心理功能，它能调动其他非智力因素的积极方面，消解它们的消极方面，使一个人按照理性的要求去行动。为此，心理学家认为，自控能力比智商更重要。良好的自控能力是一个成熟的人进入理性社会最主要的因素。拥有较强的自控能力对于一个人的工作和生活以及人生都是有益处的，它能使我们在正确的轨道上行走。然而，凡事都有度，过度就会适得其反。自控力太强，很容易让一个人对自己要求得过分苛刻，也很容易陷入极端状态，比如，当他犯了一点错误时，便悔恨不已，甚至妄自菲薄、贬低自己；那些自控力太强的人时刻会警惕自己的行为是否得当，他们会比那些凡事淡定的人活得更累。

因此，每个人都要记住，再美的钻石也有瑕疵，再纯的黄金也有不足，世间万物没有纯而又纯和完美无瑕的，人也不例外。那么，生活中，我们怎样做才能避免自控力太强呢？

1. 不要强迫自己

我想每个人都有这样的感觉，没有人能够完全避免，所以只能改善。控制自己往往是在理性的时候，而不想控制自己往往是在感性的时候。所以，用理性的目标似乎不能解决感性的问题。因此，在自控的时候，我们首先不要有压迫自己的感觉，试着在生活中找一些自己做起来感觉比较舒服的事，比如，放松、偶尔的放纵。然后再为自己制订一些小计划，难度不要太高，但一定要完成，完成不了，再找原因，找一本笔记本记下来，在迷茫的时候看看，会帮助你改善自己的自控能力。

2. 失败的时候，请原谅自己

你会跟朋友说什么？想一想，如果你的好朋友经历了同样的挫折，你会怎样安慰他？你会如何鼓励他继续追求自己的目标？这个视角会为你指明重归正途之路。德国大文学家歌德曾说：“谁若游戏人生，他就一事无成，谁不能主宰自己，他永远是一个奴隶。”一般而言，缺乏自控能力的人，不容易实现自己既定的人生目标，难以获得家庭的幸福和事业的成功，其情绪容易受外来因素的干扰，使其行为与人生目标反向而行。因此，我们要将自控能力控制在一定的范围内，否则，自控能力会给我们带来反作用。

每个人不可能一尘不染，在道德上、在言行上都不可能没有一点错误和不当。人总是趋于完美而永远达不到完美。因此，每个人不要对自己和别人做过高的不切实际的要求。

用积极的态度掌控自己

积极的态度有积极的结果，这是因为态度有感染力。这种态度之一就是热心。爱伯特呼巴德曾说：“没有一件伟大的事情不是由热心所促成的。”好的母亲与伟大的母亲、好的演说家与伟大的演说家、好的推销员

与伟大的推销员之间的差别，时常就在于热心。

生活中，我们难免会遭遇失败和挫折，只要是在生活和成长就不可能没有失败和挫折，而当遭遇这些的时候，你会怎么做呢？是丧失意志和勇气，被挫折和失败打倒和击退，还是能在遭遇了失败和挫折以后，积极理智地面对，从失败中吸取经验和教训，并把这些化成一种前进的动力？

两种不同的心态决定了两种不同的人，也正是因为心态的不同，他们之间的差异是很大的。容易被挫折打败的人，我们可以预见他的未来是失败无疑，而能使用积极的心态并准确把握住这种力量的人，就能获得成功。

美国联合保险公司有一位叫凯特的推销员，她从入职的第一天开始就有个明确的目标，那就是成为这个公司的明星推销员。每天她都努力工作，并且不断地学习，从很多励志书籍和励志杂志中汲取经验和力量，并应用到工作中。有一次，她遭遇了一个巨大的厄运，然而她并没有逃避，而是坦然地去接受，她觉得这正是一个发挥积极心态的良机。

一个严寒的冬日，凯特在市中心的一个街区推销保险单，本以为市中心能给她带来好运，然而忍饥挨饿地奔走了一天仍然一无所获。一笔生意都没有做成让她对自己很不满意，要是换作一般人早就放弃了，但是凯特并没有因此而气馁，她记起她在公司里读过的那些书，于是她运用了积极心态的原则，并试着用积极的心态将这种不满转化为一种动力。

第二天，凯特向同事们讲述了前一天遭遇的失败，同事们都认为她要放弃目标时，她激动地说道：“今天我还要再次拜访那些客户，直到他们买了我的保险为止。你们等着瞧吧，我这月将售出比你们所有人售出的总和还要多的保险单。”说完这些，凯特就从她的办公室出发了。

她又重新回到了市中心那个街区，又一次拜访了前一天所拜访过的每一位客户，结果出乎意料地售出了66张新的事故保险单。凯特用她不畏挫折的动力做到了这一点，兑现了她的承诺。

这的的确确是非同一般的成就，凯特也因此成为这家保险公司的销售冠军，不久之后她被提升为销售经理。而她的成功绝不仅仅是偶然，而是一种强大的正能量促使她用乐观积极的心态来完成工作。那天凯特在风雪中穿街走巷，不间断地行走拜访了8个小时，却没有卖出一份保险单，也有过消极不满的情绪，但她却没有让这种负面的情绪一直引导自己，而是在第二天把消极不满转化为励志型的不满，形成一种积极的心态，从而获得了成功。

许多真正获得成功的人士都具备这样的特点，他们懂得并且有能力使用积极心态的力量。而大多数人总是盼望着成功不期而至，幻想某一天一觉醒来成功就这样突如其来了，可是我们并不具备这样的条件，这种神秘莫测的成功方式对于我们来说就如海市蜃楼般虚无缥缈。即使我们具备这样的条件，也可能发现不了它们，因为越明显的事物往往越容易被人们忽视。而对成功者来说，成功并不神秘，也不是不可企及，只要能保持那个最闪亮的优点——积极的心态，就能指引着光明的前进道路。

拥有一个积极的心态，才能走在别人的前面，赢取更多的机会。如果你正在为如何才能拥有一个积极的心态而烦恼的话，不妨遵从下面几点进行长时间的练习：

（1）学会自我暗示。每天清晨默念10遍“我一定要最大胆地发言，我一定要最大声地说话，我一定要最流畅地演讲。我一定行！今天一定是幸福快乐的一天！”

（2）进行想象训练。每天至少5分钟，想象自己在公众场合做成功的演讲，想象自己成功的场景和心情。

（3）每天至少5分钟在镜子前学习微笑，展示自己的手势及形态，从而增加自信。

在暗示和想象中，其实就是把自己心中所想的再进行一遍遍的强化，

从而促使自己积极主动地去获取自己的希望、理想和目标。只要你能坚持练习，相信你一定行。

每当被消极的情绪笼罩的时候，不妨试着想想积极的心态所带来的成功与光明的未来。有些人似乎天生就具备使用积极心态的动力，而有些人则必须要通过学习才能应用好积极的动力。在你的一生中，消极的心态总是与积极的心态并存，你要学会的是如何发展积极的心态。相信聪明如你，一定能很快学会并很好地应用。

摆脱依赖拯救自己

人应该是独立的，独立行走使人类脱离了动物界而成为万物之灵。每个人的成长过程应该是一个逐渐独立与成熟的过程。现代社会就有些人，他们对周围人的依赖却困惑着自己，一旦失去了可以依赖的人，他们常常会不知所措。如果你具有依赖心理而得不到及时纠正，发展下去就有可能形成依赖型人格障碍。

那些依赖型的人，常常有一种无助感，总感到自己懦弱无助、无能、笨拙、缺乏精力。同时还有被遗弃感。他们将自己的需求依附于别人，过分地顺从于别人的意思，一切悉听别人决定，生怕被别人遗弃。当亲密关系终结时，他们则有被毁灭和无助的体验。他们缺乏独立性，不能独立生活，在生活上多需他人为其承担责任，做任何事没有主见，在逆境和灾难中更容易心理扭曲。

从前，有一对夫妇，到了晚年才得子，高兴异常，所以对这一“老来子”十分疼爱，几乎不让孩子做任何事，这个孩子除了吃喝以外，什么都不会。慢慢地，这个孩子长大了。

一天，老两口要出远门，担心儿子在家没法照顾自己，就想了一个办法：临行前烙了一张中间带眼儿的大饼，套在儿子的脖子上，告诉他想吃的时候就咬一口。

可是，这个孩子居然只知道吃颈前面的饼，不知道把后面的饼转过来吃。等老两口出门回来时，大饼只吃了不到一半，而儿子竟活活地饿死了。

这个故事告诉生活中所有的人，只有克服依赖心理，才具备生存的能力。“自己动手，丰衣足食”就是这个道理。

不难发现，社会上有一些富家子弟却受到了教育的“温室效应”的毒害。教育的“温室效应”主要是指受教育者受到家庭、社会、学校，尤其是家庭方面的过分溺爱，造成其任性固执、追求享受、独立性差、意志薄弱、责任感淡漠等弱点的社会现象。对于他们来说，消除对他人的依赖极为重要。

香港巨富李嘉诚的名字早已家喻户晓，尽管他拥有亿万家财，但对于子女的教育问题，他一直比较重视，并且，他非常注重培养孩子独立生活的能力。他这样做，是为了让孩子练就靠自己生存的本事。

李嘉诚有两个儿子，就在他们只有八九岁时，他们就遵循父亲的意思经常参加董事会，并且，他们不能只是旁听，还必须发表意见和见解。这样做的好处在于，他们能看到长辈们是如何处理公司事务的，能锻炼自己处理和分析问题的能力。

后来，他们都考上了美国斯坦福大学。毕业后，他们也曾向父亲表示想要在他的公司里任职，干一番事业。但李嘉诚断然拒绝了他们的请求。

李嘉诚是这样对两个儿子说的：“我的公司不需要你们！还是你们自己去打江山，让实践证明你们是否合格到我的公司来任职。”

于是，他们都去了加拿大，一个搞地产开发，一个去了投资银行。他们凭着从小养成的坚韧不拔的毅力克服了难以想象的困难，把公司和银行办得有声有色，成了加拿大商界出类拔萃的人物。

李嘉诚教育孩子的方法无疑是正确的，父母作为孩子成长的坚实后

盾，永远在孩子的身后给予他最多的支持与信任，越早放手的孩子越是父母对他们最大的爱。

从李嘉诚的教育方式中，我们也应该获得启示，凡事靠自己，形成独立的性格，才能真正成长为一个顶天立地的人。为此，如果你是一个有依赖性的人，那么，从现在起，你必须学会自控，学会独立面对各种生活问题，为此，你需要做到以下几点。

1. 要充分认识到依赖心理的危害

这就要求你纠正平时养成的习惯，提高自己的动手能力，不要什么事情都指望别人，遇到问题要做出属于自己的选择和判断，加强自主性和创造性。学会独立地思考问题，要求有独立的思维能力。

2. 不要总是指望他人的帮助

不可否认，人生在世，总要或多或少地依靠来自自身以外的各种帮助，比如，父母的养育、师长的教诲、朋友的关爱、社会的鼓励……可以说，人从呱呱坠地的那一刻起，就已开始接受他人给予的种种帮助。然而，许多人却把自己立身于社会的希望完全寄托在父母和朋友的身上。这样的人，显然不可能在生活上自立自强、在事业上有所作为。有句话说：靠吃别人的饭过日子，就会饿一辈子。

3. 明白求人不如求己的道理

面对人生的困境，你要懂得，求人不如求己。总想着依靠他人帮助的人，总想着有人能在危难时搀扶你一把，你永远也无法完成任何伟大的事业。只有自主的人，才能傲立于世，才能力拔群雄，才能开拓自己的天地。潜能激励专家魏特利曾说过这样的话：“没有人会带你去钓鱼，要学会自立自主。”

4. 坚持自理

我们并不是儿童，对于生活问题，我们应该自己处理。即使你的家人希望为你代劳，你也应该拒绝，大胆地动手尝试，坚持自己动手，才能在潜移默化中培养自理能力。另外，你需要做到坚持到底，不要凭一时的新鲜做事，不能保持持久，因为自理能力不是一朝一夕就能培养成的，需要对自己进行反复的强化和持之以恒的锻炼。

5. 学会独立应变生活中的一些问题

不管做什么事，总会有一个从不会到会的过程。你可以独立地去面对一些生活中的小问题。英国历史学家弗劳德说："一棵树如果要结出果实，必须先在土壤里扎根。"同样，一个人首先要学会依靠自己、尊重自己，不接受他人的施舍，不等待命运的馈赠，才可能做出成就。

人生成功的过程也就是个人克服自身性格缺陷的过程。如果一个人过于依赖他人，那么，它可能影响你未来的婚姻、家庭等生活状况，同时也影响你的人际交往、职业升迁、事业发展……因此，如果你有依赖性格，就必须从现在起，靠自己的努力克服。

自控练习：控制身体4项练习

镇定沉着是一个成功者必备的素质。那些善于自我控制的人，才能无畏地迎接任何挑战。下面的几项练习，可以提高自身的自控力。

练习一

（1）在站立的时候，一定使自己的身体保持自然。另外，还要保持心理镇定，只有这样才能自然呼吸。在站好之后，除了呼吸和眨眼睛之外，身体的其他部位就不要动了，慢慢地默数100下。在这个时候，既不要瞪眼，也不要摇晃身体，保持身体稳定。每站着数100下的时间后就休息相同的时间。保持这一动作，并重复6次。

（2）坐下，保持上身直立，姿态保持自然。像上面一样，保持心情高度的平静，并默数100下。也像上面一样放松，重复所练习的动作，然后再放松，重复6次。

坚持每天重复上面的练习，共做10天，其间休息两天。这里建议的时间只是一个示范，实际练习的时间和休息的时间可以自由地延续下去。

练习二

（1）保持身体自然竖直站立。自然地呼吸、眨眼，把目光集中于你房间上的某种小件物体上，比如大头钉或衣架的一角，或者是用铅笔画的一小圆点，但应足够大，以便在 8 尺之外的距离可以看得见。

右手手心朝脸，把食指指尖放于右眼与墙上小物体之间的直线位置上。缓慢地移动右手，由身体开始沿着这条想象磨炼的直线向外移动，保持手心朝脸，且食指的指尖严格地位于直线上，直到手掌完全伸展为止。以同样的方式回到初始的位置。重复这一动作 6 次。

（2）用自己手掌侧面朝向脸部，同样按上一步骤的方式进行练习，重复这一动作 6 次。

（3）用手掌背面朝向脸，重复这一动作 6 次。

（4）合上拇指和食指，按上一步骤做 6 次。

（5）按上一步骤的方式进行练习，以中指放于直线位置，重复。

（6）方法同上，以剩下的各个手指代替中指放于直线位置重复以上步骤 6 次。

（7）用左手做上面同样的步骤。

坚持每天做以上的练习，持续 10 天。

练习三

（1）保持身体竖直站立。向前伸出右手，保持右手自然放松。伸至最大幅度后，同时伸出食指指向前方，缓慢而沉稳地从左至右移动整个手臂，就如同用右手食指在画一个直径有几尺长的圆一样。重复这一动作 6 次。注意不要画得太快，也不要突然移动手掌，并要注意控制手臂的抖动保持平稳。

（2）选择同样的方式向相反方向，做 6 次。

（3）手部用劲，同样向正反方向各做 6 次。

（4）令左手放松，同上让左手向右，使左手食指指尖沿着想象的一定直径的圆周线移动，练习 6 次。

（5）方法同上，向相反方向重复同样的步骤 6 次。

(6) 手臂用劲，重复以上步骤向正反方向各做6次。

(7) 确保自己右手放松，从右向左画直线，做6次。

(8) 方法同上，向相反方向，重复上一步骤，做6次。

(9) 保持左手放松，重复上面的步骤，向正反方向各做6次。

(10) 右手用劲，重复上面的步骤，向正反方向各做6次。左手同样，也向正反方向各做6次。

坚持10天，其间适当休息。

练习四

你可以选择摆出任何一种自然的姿势。然后保持这一姿势不变，以缓慢的速度默数10下，然后放松休息一段时间。重复这一练习6次。

选择其他的各种姿势重复上面的步骤，每一姿势都做6次，持续10天。

在做这种练习的时候，思想不能有丝毫的走神，你必须专心致志地注意你的每一个动作，把意志的力量注入你左右的动作中。比如，在上一练习中，目光要跟随想象的直线条移动。头不要随手臂摆动，要把你的意志力集中于指尖。一直保持坚决的心情，牢记自己进行练习的目标。

墨得斯雷曾说过"如果一个人不能控制自己的肌肉，那他也就不可能控制其注意力。"

测一测　自控力测试

下列各题中，每题有5个备选答案，根据你的实际情况，选择一个最适合你的答案：A. 很符合自己的情况；B. 比较符合自己的情况；C. 介于符合与不符合之间；D. 不大符合自己的情况；E. 很不符合自己的情况。

1. 我很喜欢长跑、远足、爬山等体育运动，但并不是因为我的身体条件适合这些项目，而是因为这些运动能够锻炼我的体质和毅力。(　　)

2. 我给自己订的计划，常常因为主观原因不能如期完成。(　　)

3. 一般来说，我每天都按时起床，不睡懒觉。(　　)

4. 我的作息没有什么规律性，经常随自己的情绪和兴致而变换。(　　)

5. 我信奉“凡事不干则已，干则必成”的信条，并身体力行。(　　)

6. 我认为做事情不必太认真，做得成就做，做不成便罢。(　　)

7. 我做一件事情的积极性，主要取决于这件事情的重要性，即该不该做；而不在于对这件事情的兴趣，即想不想做。(　　)

8. 有时我躺在床上，下决心第二天要干一件重要事情，但到第二天这种劲头又消失了。(　　)

9. 在工作和娱乐发生冲突的时候，即使这种娱乐很有吸引力，我也会马上决定去工作。(　　)

10. 我常因读一本引人入胜的小说或看一出精彩的话剧而忘记时间。(　　)

11. 我下决心办成的事情（如练长跑），不论遇到什么困难（如腰酸腿疼），都会坚持下去。(　　)

12. 我在学习和工作中遇到了困难，首先想到的就是问问别人有什么办法。(　　)

13. 我能长时间做一件事情，即使它枯燥无味。(　　)

14. 我的兴趣多变，做事时常常是这山望着那山高。(　　)

15. 我决定做一件事时，说干就干，决不拖延或者落空。(　　)

16. 我办事喜欢挑容易的先做，难做的能拖则拖，实在不能拖时，就抓紧时间匆匆做完，所以别人不大放心让我干难度大的工作。(　　)

17. 对于别人的意见，我从不盲从，总喜欢分析、鉴别一下。(　　)

18. 凡是比我能干的人，我不大怀疑他们的看法。(　　)

19. 我喜欢遇事自己拿主意，当然也不排斥听取别人的建议。(　　)

20. 生活中遇到复杂情况时，我常常举棋不定，拿不定主意。(　　)

21. 我不怕做我从来没有做过的事情，也不怕一个人独立负责重要的工作，我认为这是对自己很好的锻炼。(　　)

22. 我生来胆怯，没有十二分把握的事情，从来不敢去做。(　　)

23. 我和同事、朋友、家人相处时，很有克制能力，从不无缘无故发脾气。(　　)

24. 在和别人争吵时，我有时虽明知自己不对，却忍不住要说一些过头的话，甚至骂对方几句。(　　)

25. 我希望做一个坚强的、有毅力的人，因为我深信“有志者事竟成”。(　　)

26. 我相信机遇，很多事实证明，机遇的作用有时大大超过个人的努力。(　　)

计分方式：

单数题号：A 计 5 分，B 计 4 分，C 计 3 分，D 计 2 分，E 计 1 分

双数题号：A 计 1 分，B 计 2 分，C 计 3 分，D 计 4 分，E 计 5 分

各题得分相加，统计总分。

测试解析：

111 分以上：自制力很强。

91 ~ 110 分：自制力比较强。

71 ~ 90 分：自制力一般。

51 ~ 70 分：自制力比较弱。

50 分以下：自制力很薄弱。

第四章

练好你的耐力

——用意志实现自我拯救、自我治疗

成功与失败的分水岭在于意志力的强弱差异：成功者常常是意志力坚强的人；失败者常常是意志力薄弱的人。坚强的意志力，是每个人获得成功的源泉。让所有渴望被拯救的人们，掌握自我意志力运行的规律，实现自我拯救、自我治疗。

意志是自我成功的助推器

一个人如果能做到自觉提升自己的意志力，那么他就会获得一种巨大的力量。这种力量不仅能够很好地管理一个人的精神世界，还可以使人的心智得到一定程度的提高。这个时候，智能、天赋或能力都将在人的身上体现出来。因此，所有那些人们从来都无法看见的东西实际上就存在于人的自身，而这把能够开启洞察力和征服力的能量之门的神奇钥匙就是意志力。

正如爱默生告诉我们的："只有当人和他的意志相互沟通，融为一体时，这个世界才有驱动力。"

意志力是引导我们获得成功的巨大精神力量。如果你拥有完善的意志力，那么你全身的能量都可以在它的召唤下聚合起来，从而实现你的成功。

中国史书《吴越春秋》写的是春秋时期吴越两国的故事。书中最有意思的是伍子胥的意志力战争。

伍子胥是一个刚正不阿、谋略不凡之人，却惨遭奸臣谗害导致灭门之灾，此后伍子胥开始了他的逃亡之旅，最后栖身于蛮荒之地——吴国。此时的伍子胥并没有被面临的灾祸所打倒，他虽然是一个一无所有的流亡者，却带着强烈的复仇意志，发誓一定要消灭当时最强大的楚国。此后，他便到处结交有识之士，刺杀吴王僚，并协助阖闾继任吴王，秣马厉兵9年，最终大败楚军，攻占了楚国的郢都，将楚平王的尸骨从坟墓中挖出来进行鞭尸。当时，素有春秋五霸之称的齐晋等国都难以抵挡楚国，而伍子胥竟然能依靠一个边陲小国，几乎把楚国消灭，差点将中国的历史改写，这与其强烈的复仇意志力是分不开的。

有这样一位病恹恹的美国人。

他在3岁时，得了严重的猩红热，在医院躺了数月，后来靠着一剂强心针，勉强摆脱了死神的纠缠。18岁时，他又染上了一种怪病，住进波士顿的一家医院。在写给朋友的信中，身心俱疲的他流露出了绝望："也许，明天你就得参加我的葬礼了！"

26岁时，他通过隐瞒病史参加了海军。在与日本人的一场海战中，他所在的军舰不幸被击沉。最后他靠一块木板捡回了一条命，却因此落下了更严重的后遗症。

30岁时，他去英国出远差，突发虚脱昏倒在一家旅馆里。当时，英国最高明的医生断言他"最多只能活1年"。

37岁时，他身上多种病症并发，长时间卧床不起。

可就是这样一位从小到大百病缠身的人，却从平民百姓起步，到工人、军人、作家再到议员，一步一个脚印，终于在43岁那年，成为美国历史上最年轻的总统，他就是约翰逊·肯尼迪。

很少有人知道，外表上看起来精力充沛、风流倜傥的肯尼迪，实际上却是个疾病缠身之人。在他各个发病期的主治医生都了解这一情况，同时，他们也看到了肯尼迪的勤奋和努力：在他的病床上，你会随时看到堆积的书籍和笔记本；在他35岁的时候，他在病床上创作了《勇敢者》，这部描写"第二次世界大战"期间故事的书还获得了当年的普利策奖。在当了总统以后，他的病更加严重，有时甚至不能办公，即使这样他也会躺在疗养室的温水池里批阅文件、下指示……疾病与死亡的威胁时刻在他身边隐藏，而这种威胁使他更加珍惜拥有生命的宝贵时光，所以，在短暂的生命中，他废寝忘食、孜孜不倦，成为美国历史上最有影响力的总统之一，被许多人誉为"与时间赛跑的人"，这不能不说是一个奇迹。

按常理，疾病对一个人而言，意味着事业的停滞；而肯尼迪的人生却向人们昭示了疾病的另一面。肯尼迪的奋斗经历，无疑可以成为一面镜子，照亮我们自己所欠缺的，较量困难的意志，以及把握光阴的自觉性。

加西亚·马尔克斯是哥伦比亚著名作家、1982年诺贝尔文学奖得主，也是《百年孤独》的作者。当他被全球18位权威文学评论家推选为当今世界最伟大的10位作家之首的时候，面对报界采访，他却说了一段出人意料的话："我非常感谢诸位尊敬的文学评论家对我的厚爱和鼓励，我非常珍惜随着我的声誉而来的各种荣耀。但是，我更珍惜从我童年起就经受的种种打击、挫折乃至失败。我至今仍然清楚地记得伟大的编辑吉列尔莫·德托雷先生，是他毫不留情地退回了我的第一部小说……"

原来，在马尔克斯22岁那一年，他呕心沥血完成了第一部小说《枯枝败叶》。今天的文学评论家对这部书的评价非常之高，但是在当时，这部书稿却屡遭厄运。当他把这部书稿送到阿根廷布宜诺斯艾利斯著名的洛萨达出版社后不久，便收到该社审稿编辑，西班牙著名文学评论家吉列尔莫·德托雷寄来的退稿信，其中还附有一条措辞生硬的评语："此书毫无价值，但艺术上似乎有可取之处。"

另外，这位伟大的编辑还忠告作者最好改行从事其他更有价值的工作。在他眼里，马尔克斯在文学方面是个庸才。这样的打击对于年轻的马尔克斯来说无疑是沉重的，当他收到这位编辑的退稿信时，就好像被迎头泼了一盆冷水。但是他并没有被这盆冷水浇灭希望的火焰，他依旧不想放弃自己对文学的追求。

马尔克斯发自内心认为德托雷是伟大的编辑。在他看来，德托雷伟大就伟大在他逼出了世界上最伟大的作家。德托雷的退稿信成了马尔克斯努力的动力，当他看到这封信，就好像看到了别人对他的嘲笑，这是他无法容忍的，他要用最好的作品来证明。他不服气，在挫折与失败面前，咬紧牙关，迎难而上，最终攀登了世界文学的高峰。

无数成功者并没有超常的智商，也不是没有经历过失败，而是他们相信自己必将战胜挫折，迎来成功。

意志力是人类最大的奇迹，它可以坚强到比钢铁还坚硬，帮助你挑战超越极限的伟大目标，忍受别人所不能忍受的痛苦，让你在绝对劣势下反败为胜。每个人都是自己命运的主宰者，无论是在逆境还是在顺境之中，人生之舵完全由自己掌握。要知道，意志力是成功的向导，更是成功的助推器。

让逆境和挫折锤炼你的意志

每个人都希望自己的人生道路一路坦荡，然而，现实中总会经历许多挫折和磨难。“宝剑锋从磨砺出，梅花香自苦寒来。”没有经历磨难的人永远只是温室中的花朵，禁不起半点风吹雨打，即使能够在温室中度过一生，他也永远不能感受到外面的空气和阳光。这样的人生可以说是不完整的。

没有人能一生风平浪静，波澜不惊。面对人生的风浪，各人所表现出来的态度却是不同的。软弱的人往往害怕磨难，他们只会选择逃避和退让，让磨难肆虐而自己躲在一个角落寻求苟安一时。这样的人是生活的奴隶，他们永远不会取得成功，这是一种懦弱的表现。

近代音乐史上最伟大的音乐家贝多芬便有着充满坎坷和灾难的一生。

贝多芬出生于贫寒的家庭，父亲是歌剧演员，性格粗鲁，爱酗酒，母亲是个女仆。贝多芬本人相貌丑陋，童年和少年时代生活困苦，还经常遭受父亲的打骂。他 11 岁加入戏院乐队，13 岁当上了大风琴手。17 岁那年，母亲逝世了，他要独自一人承担起教育两个兄弟的责任。

1793 年 11 月，贝多芬离开了故乡前往音乐之都维也纳。1796 年，痛苦敲响了他的生命之门。他的耳朵日夜作响，听力逐渐衰退。1801 年，贝多芬爱上了朱列塔·圭恰迪尔，他把《月光奏鸣曲》献给她。但是幼稚自私而且爱慕虚荣的朱列塔不理解他崇高的灵魂，并于 1803 年与他人结婚。这是令贝多芬绝望的时刻，他甚至曾写下了遗书，想要结束自己的生命。肉体与精神的双重折磨，都反映在他这一时期《幻想奏鸣曲》《克勒策奏鸣曲》等作品中。当时席卷欧洲的革命波及

了维也纳，贝多芬的情绪开始高涨，他又连续创作了《英雄交响曲》《热情奏鸣曲》等作品。

1806年5月，贝多芬与布伦瑞克小姐订婚，爱情的美好产生了一系列伟大的作品。但是，爱情又一次把他遗弃了。不过这时贝多芬正处于创作的极盛时期，对一切都无所顾虑。他受到了世人瞩目，与光荣接踵而来的是最悲惨的时期：经济困窘，亲朋好友一个个死亡离散，耳朵也已全聋，和人们的交流只能在纸上进行。但是，苦难并没有让贝多芬屈服，反而让他变得更加顽强，正是在这种最艰难的处境下，他奏响了命运的最强音，创作了代表他音乐生涯巅峰的《命运》《合唱》等作品，为当时的世界和后人展现了一个永不向命运屈服的灵魂。

伟人的一生往往都充满着坎坷和灾难，但也正是坎坷和灾难造就了一代代伟人。在当代，同样有一个充满传奇色彩的名字在时时刻刻与命运进行斗争。这一个永不向命运屈服的灵魂便是当今世界最著名的科学家之一——斯蒂芬·霍金。

斯蒂芬·霍金是剑桥大学应用数学及理论物理学系教授，也是当代最重要的广义相对论和宇宙论家。20世纪70年代时他与彭罗斯一道证明了著名的奇性定理，为此他们共同获得了1988年的沃尔夫物理奖，他也因此被誉为继爱因斯坦之后世界上最著名的科学思想家和最杰出的理论物理学家。他还证明了黑洞的面积定理。

其实，他之所以广受世人尊敬，更多的是因为他很多的科学成就都是在身陷瘫痪，全身只有三个手指头能动和大脑能够进行思考的状态下取得的。霍金因患卢伽雷氏症（肌萎缩性侧索硬化症），被禁锢在轮椅上长达20年之久。然而他身残志不残，克服了残废之患而成为国际物理界的超新星。他不能写，甚至口齿不清，但他超越了相对论、量子力学、大爆炸等理论而迈入创造宇宙的“几何之舞”。他运用出色的思想为人类解开了宇宙之谜。

医生曾断言身患绝症的霍金只能活2年，可他之所以能支撑到今天并取得卓越成就，凭借的正是他那坚强的意志。霍金的一生，是人类意志力的记录，是科学精神创造的奇迹，也是经历坎坷而成就辉煌人生的例子。

勇者遇到人生的苦难只会逆流而上。在苦难面前，他们有着“让暴风雨来得更猛烈些吧”一样的豪情壮气。他们是真正的强者，也是生活的主人。历经磨难的人便有着无比坚强的信念和意志，这样的人才能在任何时候立于不败之地，最终取得成功。

自我铸造， 塑造钢铁意志

人的意志力就如同一个充电电池，其放电的能量是由它的容量和它的疏导系统决定的。它可以积聚很多的能量，在一定的条件下能够释放出强大的电流。同样，人的意志力在某个事件或者某种特殊的情况下也能产生强大的能量，指引人们不断进步。所以，如果一个人能有意识地注意提升自己的意志，那么他将获得一种不可低估的力量。这种力量不仅能够完全地控制一个人的精神世界，而且能够引导人的心智达到前所未有的高度——意志力会帮助一个人克服各种困难，并最终到达成功的彼岸。意志力可以提高，正如悟性可以修炼。但意志力提高需要遵循一定的规律。提升自己的意志力，是一种技术，更是一种艺术。

1. 在实践活动中锻炼意志力

如果你想培养自己坚毅果敢的意志力，就应该尽可能多地让自己参与实践活动，无论是学习、做家务，还是社会活动，都可以磨炼你的意志。

不过，无论在哪一种实际活动中磨炼意志，我们都应注意以下几点：

（1）明确恰当的要求。也就是要明确意志锻炼的目标，以激发锻炼的积极性。给自己提出的要求：一是应当合理；二是应当简短；三是应当坚决；四是应当有系统性和连贯性，呈渐进的阶梯式。这样可以推动自己步

步向前。

（2）把握好任务的难度。太容易的活动没有锻炼意志的意义，太困难的活动则会挫伤意志锻炼的积极性。所谓把握好难度，就是说需要完成的任务应该既是困难的，又是力所能及的。

（3）尽量自主解决困难。在活动中遇到困难时，可以接受帮助和指导，但不要让别人代替自己克服困难。

（4）了解活动的结果。心理学的研究告诉我们，在练习活动中，是否知道练习过程中每一步的结果，最后的效果是不一样的。知道结果的效果好。所以，在进行意志锻炼活动时，应该了解每次锻炼活动的结果，这有助于增强锻炼的自觉性和积极性，提高意志锻炼的效果。

（5）利用活动的群体效应。意志锻炼的各种活动可以群体方式进行。在群体中，相互作用会影响活动者的意志力。

2. 利用嗅觉训练

下面的练习会使你的嗅觉得到培养，更重要的是，它们会为你培养出一种令人感到惊奇的注意力。从更深层次的意义上讲，就是意志的力量，这也是我们最终的追求所在。

下面是训练嗅觉的方法：

（1）摘一朵芬芳的花朵，仔细闻它的气味。在房间里行走一会儿，远离花朵。这时回忆其气味是什么样的，有多强。摘取一种不同香味的花朵来重复这一练习。

务必注意让鼻子有充分的休息，否则对气味的感觉就会混淆在一起。每天进行一次这样的练习，至少 10 天，其间休息两天。最好能坚持下去，直到你确定无疑地注意到嗅觉敏锐性提高了，大脑描绘嗅觉或气味的能力也增强了。在第 10 天的时候，看看你所取得的进步。

在上面及下面将要提及的练习中，强有力的意志必须与你形影不离，使你的精神集中在鼻子上。

（2）你可以摘两种不同的花朵。闻其中一朵花的香味，然后再闻另一朵。这时努力地回忆前一种香味，然后再回忆后一种花的香味。最后试着对两种花的香味进行比较，注意两者的区别。

每天重复这一练习，坚持 10 天，在第 10 天时注意嗅觉有所改善的情况。

（3）保持端正的坐姿，缓缓地吸气，试着去一一指出所觉察到的所有气味。真的有这种气味吗？它从哪来的？让你的朋友在房间里藏一些有香味的物体，一些桃子或是一瓶打开的香水。最好你是在另外一个房间里，这样你就不知道所藏的东西及其位置了。

进入房间，然后努力依靠嗅觉来找出这一物体。注意：必须把所有其他气味浓烈的物体清除出这一房间。

每天练习坚持 10 天，在第 10 天时，注意嗅觉有没有改善。

（4）需要其他人帮助完成这个训练。你可以让你的一个朋友拿着一个带有香味的物体，但是这个物体你不知道是什么，并且它与你有一段距离，然后，你的朋友双手紧握住这个物体，慢慢地向你靠近，直到你能闻到这个香味为止。测量一下你能够通过嗅觉觉察到这个物体时的距离有多远。然后说出这种气味，并猜测这个物体是什么。

使用不同的具有不同香味的物体来反复进行这个练习，其间也可以休息一会儿。结果你会发现，这些香味被觉察出来的距离不同，有些香味相对于其他的香味被觉察出来的距离更短。那是由于香味的浓烈程度不同造成的，还是由于香味本身的特性导致的呢？每天重复这一练习，坚持 10 天，其间休息两天，在第 10 天时，注意嗅觉有所改善的情况。

德国思想家洪堡通过观察指出，一位秘鲁籍的印度人能够在漆黑的夜里辨认出距离很远的陌生人是印度人、欧洲人，还是黑人。撒哈拉沙漠的阿拉伯人可以通过嗅觉来辨别出 40 里外的火堆。

（5）在生活中，试着去想象花园、田野或森林中那令人陶醉的香味。比如，新割的草——惠蒂埃的诗；刚翻过的土地——世界上富裕的生活；花朵——大地上美丽的景色。这种习惯将为你打开新世界的大门，提升你的注意力，并且逐步提高你的意志力。

在体育活动中磨砺意志

日本曾经有学者对大学生的体力和意志的关系专门进行过观察，结果发现，身体素质较差的学生往往比较自卑，善于服从，独立性、自主性差。美国一位心理学家也做过一个实验，他们对一群体力强度差的中学生进行了为期一个月的体育锻炼。结果表明，这些学生不仅体力增强了，而且自制性、坚持性等意志品质也有不同程度的提高。

国外有关专家的研究表明，一些项目的体育锻炼可以培养良好的性格品质。这些性格特征包括：决心、进取心、自信心、坚忍性、责任感、勇敢、果断性、主动性、独立性和自制力等。所以，要想培养良好的性格品质，我们不妨积极参加一些体育锻炼。不同体育锻炼项目有利于培养不同的性格特征。比如，足球、篮球和排球等运动项目，除了要求队员要勇于拼抢，果断处理各种紧急情况外，还要有集体主义精神，能够与队员积极地配合。而诸如棋类项目，则可以培养人的沉着冷静、灵活等性格品质。那么，不同运动项目具体可以培养哪些性格品质呢？

各项运动项目和性格特征

运动项目	主要品质	次要品质	更次要品质
骑自行车、游泳、划船、跑步、滑冰、滑雪	顽强	自我控制、坚定	主动、独立、果断
艺术体操、举重、田径、跳跃、投掷、花样滑冰、射击	顽强、自我控制	勇敢	主动、独立、果断
跳水、障碍、骑马、登山、摩托车、跳伞	勇敢、果断	顽强	主动、独立
球类运动	主动、独立	顽强、果断、勇敢	自我控制、坚定
击剑、摔跤	主动、独立	果断、勇敢	自我控制、顽强、坚定

每天尽量抽出一点时间，或早晨或下午，因地制宜，选择一项自己喜欢的运动项目，持之以恒，一方面可以锻炼身体，另一方面可以塑造良好的性格特征，这是一举两得的事情，何乐而不为呢？

选择什么项目锻炼好呢？可根据自身及外界的条件选择那些对场地要求不高，经济、效果好的项目，如慢跑、短跑等田径项目，如果有条件，还可以选择篮球、排球、足球、羽毛球、网球和乒乓球等。无论选择哪个项目，最关键的问题是要能够持之以恒，切忌三天打鱼两天晒网和心血来潮式的锻炼。不然，就很难收到良好的效果。

当然，除了选择适合自己的体育项目外，制订安全有效的锻炼计划也是至关重要的。在锻炼时应注意以下事项。

（1）当你在开始锻炼时必须身体健康。采用循序渐进的锻炼方式，风险小回报大。如果你有一段时间没有进行锻炼了，那么开始时节奏要放慢，等身体状况跟得上时，再逐渐延长锻炼时间，加快锻炼节奏。

（2）尽可能使运动既安全又舒适。要穿合脚的鞋和便于运动的衣服，一定要在安全的地方进行锻炼。

（3）锻炼要以自己舒适为度。比如，你可以在散步和慢跑时与他人交谈，气氛轻松和谐。开始锻炼的头10分钟内如果感觉不舒服，说明你的锻炼强度太大了。

（4）要养成常规的锻炼习惯。要获得最大的健康回报，持续不断地锻炼是很重要的。一定要把锻炼计划纳入日程中。

（5）此外，还需要注意的是，你所进行的活动一定要丰富多样。影响身体素质最重要的因素有3个：肌肉及关节的灵活度、心肺耐受力、肌肉是否发达。如果你出于一定目的的需要，也可以加强某种活动的训练。比如，想要减肥的人，可以选择一些像跑步、打网球等消耗能量、强化肌肉的运动。当然，如果能把训练耐力的活动，与肌肉的锻炼相配合，那么你所消耗的脂肪比只做耐力训练的人多1/10。比较理想的状况是：平均每天活动30分钟左右。

除了规律运动外，即使无运动场地，也可以做简单的运动或体操。

要将锻炼身体当作生活的乐趣。你所选择的锻炼方法一定要安全舒适，并且能使你从中得到乐趣，这样你才能坚持下去。因此，锻炼身体一定要简单、方便而有新意，你才会愿意每天坚持锻炼。邀请朋友或家人一起锻炼的主意也不错，可以鼓励身边的人都来参与锻炼。

一个人的意志品质与其身体素质是密切相关的。意志坚强的人会坚持锻炼身体，健康的体质对意志力的提高也具有很强的推动作用。人们在体育锻炼中，身体强壮了，精力也旺盛了，为人们勇于克服困难奠定了良好的基础。

自我训练之提升注意力

要想对意志力进行科学的训练，就必须以注意力的训练作为开端。注意力是精神发展的动力之一，是我们获取精神生活的原始素材，是最普通的探索工具。然而，能充分注意到自己的感觉，又能很好地利用自己感觉器官的人实在是太少了。这是被人们忽视的一大领域。

注意力是指有意识地将自己的全部思想长时间地集中到某一事物或某些事物上的能力，它是形成智商的重要因素之一。成功的人一般都具有很强的注意力，他们对自己的人生和事业更加专注和执着。一般情况下，良好的注意力首先在于注意力的范围大小，也就是说，注意力在同一时间内所能关注事物的数量，或者说在同一时间里所能关注到多少问题的出现。注意力如果被有效控制，那么它就能根据我们的需要，帮助我们观察事物、思考问题，进而提高我们的智力水平。注意力的集中与稳定是深入认识客观事物、提高工作效率的必要条件。

然而，在很多情况下，我们被一个丰富多彩、纷繁复杂的世界所诱惑，各种感官刺激物分散了我们的注意力，妨碍了它的指向性和稳定性，从而影响了我们对某一特定事物的判断和深入了解。所以，我们必须加强对注意力的调控能力。以下几种训练方法不妨试试。

（1）让自己处于安静的状态下，利用意志力，将所有的胡思乱想全部抛到脑后，尽可能地让大脑保持较长时间的空白。如果不能坚持很长时间也没有关系，只要坚持下去一定会有成效。

利用这种方法训练之后可以休息几次，然后再继续做。每天至少要做6次这样的练习，坚持10天，然后休息两天。要记得记录下练习的结果，这样你就可以看到自己是否有所进步。意志一定会发挥无所不能的作用。

（2）仍然是使自己保持安静，坐下，大脑保持几秒钟的空白。然后立刻开始思考一件事情，排除任何其他干扰，把注意力全部长时间集中于这个问题上。要注意，这里并不是要你思考如何解决这个问题，而是要你把你的注意力全部集中在这个问题上，就像你目不转睛地盯着某个东西一样，把自己的视线和观察重点集中在上面，只关注那一个东西。然后放松。

重复练习6次，把结果记录下来。每天坚持，一连10天，随后放松。观察一下自己意志力的进步程度。

（3）放空自己的思想，让大脑天马行空1分钟。现在把你能回忆起来的支离破碎、零零星星的想法写下来。

如果继续把这些事情之间可能具有的内在联系找出来，你会发现看似漫无目的的大脑活动其实都可以找到可以解释的理由。一定要牢牢控制自己的思维活动。把这个练习重复做6次，连做10天，然后放松。第10天时比较一下记录的结果，你会注意到自己注意力的提高。现在，试着发现一些支配大脑无意识活动的一般规律。

（4）保持安静，静坐1分钟，让大脑保持分析思考的状态。不要想入非非，不要让不相关的思绪和感觉进入脑海。现在特意地顺着一条分析路线想下去，可以保持5分钟。根据记忆把结果写下来。

将第10天和以前的记录作比较，看看注意力有多大程度的提高。用想象力来进行这项练习，设想一幅画一种活动。

（5）要使你的决心更加坚定。现在思考一下你觉得生活中有可能实现的几个愿望，然后将全部思想集中到这个目标上。当然，不是要你思考如

何实现，也不是要你下定决心克服所有困难。不要对成功以后的荣耀想入非非，因为那样会分散注意力。全力运用意志力来控制自己的意念。

重复做 6 次，至少坚持 10 天，然后休息。把志在必得的想法深深地根植在脑海里，在生活和行动中时时表现出来，使决心和意志成为自己稳固的个性特征，不但要有愿望而且还要投入情感和毅力。

（6）保持较长时间的静坐不动。现在需要你做几件事情，你可以选择在房间里走动或从书架上取一本书或依旧静坐。大约在 5 分钟内，你可能会多次冲动想做另一件事情。暂时不要理会这些念头的诱惑。现在做出决定，迅速而果断地选择自己究竟要做的事情。行动不要懒散磨蹭，决定不要只凭当时的冲动，迫使自己做出真正有效的决定，接着采取行动，就做这一件事情。

选择不同的事情至少做 6 次。要注意，在每次做事的时候，都要把意志力集中于每一个细节。始终保持自己对这件事情的注意力。这样持续做 10 天，然后休息。在 10 天结束的时候看看注意力和意志力有怎样的提高。

（7）首先将书籍、硬币等各种物品分开放置，然后将它们混合。再认真观察这些东西，根据相似性或相异性将它们重新排列。

这些东西的形状不同、颜色各异，把它们按照某种关系排列起来，然后看看排好之后的效果。可能是很糟糕的。为什么会是这个样子？如何才能让效果更好一些呢？你房间的布置和颜色有没有什么关系？从这个角度考虑会不会使排列效果更好一些？这样试一试。从相同性的角度重复排列几次，再从差异性出发重复排列几次。

在练习的时候要始终把自己的意念放在首位。每次练习用不同的顺序排列 6 次。坚持 10 天后停顿一下，10 天后看看注意力的改善情况以及自己安排这些东西的熟练和巧妙程度与刚开始是否有差别。

超强意志之阅读训练的 5 种方法

理解力的大小取决于注意力的集中程度，只有完全彻底地理解书的内容才是真正的阅读。回顾复习和讨论思辨是持久储存记忆的好方法，如果能够持之以恒地进行阅读练习，你就一定会获得钻研学问必需的意志力。

是的，现在的我们处于一个知识大爆炸的时代，可供选择阅读的书籍、报刊等说多也多，说少也少。对于整天麻木于快节奏生活的现代人来说，大量的知识使他们应接不暇、无所适从，因此其头脑也得不到良好的知识营养的补给。有很多人读书纯粹是无聊打发时间，许多杂志以一种特殊的方式写作，目的只是为了造成轰动效应。甚至文学作品也多是言过其实地表现客观世界。

这些不断发生的事实使许多人觉得阅读变得根本不可能，因为真正意义上的阅读是一个沉思默想的过程，书本里的思想在读者的头脑中重新呈现，引起他的共鸣或质疑，并且潜移默化地影响他的思想，使之吸收并转化为自己思想的一部分。

这些都需要意志力的投入。但在当代如此喧嚣浮躁的世界，阅读正在变得稀有，人们身上的意志力已经十分少见。这种正在丢弃的技艺怎样才能重新获取呢？那就需要培养建立在理智基础上的神奇天赋——注意力。

英国哲学家培根在其《论读书》一文中谈道："读书可以让人养性，可以提高修养，可以锻炼能力。获得读书的乐趣是在个人独处一室沉静平和的时候；高度的修养是在谈吐举止中处处体现优雅的风范；超常的能力是在判断和处理事务时表现的精明睿智。精通一行的人才有能力作出执行事务的决定，针对一个接一个的特殊情况做出判断；而一般高明的见识，事情的谋划和部署只有那些教养良好的人才能做到……""读书不要心存质疑，也不要全盘相信，而是要思索，要权衡。"

可见，书不可不读，而这就需要培养阅读方法，在培养良好阅读方法的过程中提高意志力。

阅读训练的5种方法：

（1）首先选择一本好书来读。认真看看书的标题，在自己的脑海中设想这个标题下作者可能论述什么样的情况。在字典里查找标题中所有字眼的意思，比如"中国戏剧史"。什么是戏剧？什么是历史？真实的戏剧史

与写在纸上的戏剧史有什么不同？“中国戏剧”的意思是什么？这个名称从何而来？现在再看看作者的名字。在继续读下去之前，记住作者的生平，了解他在文学或史学中的地位。你对他的作品应该给予什么样的重视程度。

按以上要求完成之后，你就能够认真去看目录了。首先你应该大概了解一下这本书的主要内容和作者的写作目的。如果这些内容你还不能完全掌握，那么你就要舍弃它另选一本了。整个生命过程中所读的书都要经过这样的精挑细选。

（2）如果在选择完作者和内容之后，你仍希望把这本书读下去，那就要认真地读一读前言。读完之后，思考一下作者在这里说了些什么，依据你的判断，这个前言起到了什么样的作用。以后读书时都要养成重视前言并思考前言的习惯。

（3）如果这本书有简介，一定要认真地把它读一遍。如果前面的介绍没有阅读，很多地方都可能被误解。读过介绍之后，回想一下简介的主要内容。现在再一次提出这个问题，作者为什么要写这个简介，或者在这个简介里他到底说了哪些方面的内容？很可能到这一步的时候，在进一步阅读之前你已经把这本书抛到一边了。如果要严肃认真地读书，一定要养成这个习惯。

（4）对这本书的前 25 页，一定要精读。在这 25 页当中有没有独到新颖、有趣或者你认为有价值的东西？如果在这个过程中你没有看到任何新鲜、有趣或者有价值的东西，很可能这本书的命运将是被你大幅度地削价处理。当然这个规律也并不是万无一失的。

读书就像淘宝一样，珍贵的宝物并不是人们轻易就能够发现的。比如，乔治·艾略特的一些作品就需要读者付出更多的努力，才能全神贯注地集中于此。不过，一旦沉浸到书的世界里，你就会被深深地吸引，再也无法摆脱它的神奇力量了。有许多在当年畅销的书都没有经受住时间的考验，一段时间之后再看会觉得平淡无奇。读书与读者的品位也密切相关。

不同的读者会根据自己的爱好，有不同的选择倾向。有的读者喜欢那种十分动人或者说“完美无缺”的文字，那么他也许就会选择那些注重文笔雕琢的作品。这样的选择倾向与高级知识分子的学识是极为不符的。他们关注的更多的是那些超出一般水准、有内涵、有分量的作品。如果一位读书品位高的读者在25页内没有看到特别的内容，那么只能说作者写作平平，或者他的作品根本不值一读。

（5）如果你想继续把这本书读下去，那么我们有必要回到这本书的第一句话。重读第一句话的时候要特别注意句子的结构，比如，它的主语、谓语、宾语都是什么？每个词之间有什么关系？如果是一种抽象的表达，就要将它转化成具体的、通俗的语言。要仔细思考这句话的意义，深入细致地了解作者到底想要表达什么。假如它描述的是一个物体，那么请你闭上眼睛想象一下它的样子。假如它描述的是一种行为，那么请你想一想它表达的是怎样的行为。

接着，你再用同样的方法阅读第一段。做到能用自己的话将这一段的主要内容表述出来。继续保持这种细致的分析性阅读，直到你已经完全把握了第一章的中心思想。现在你可以把全部笔记都放到一边，根据记忆将你所知道的主要内容用连贯的句子写出来。

最后，还是用以上的方法继续阅读，这样读完整本书后，你几乎不需要第二次阅读了。也就是说，精读一本书比随随便便浏览很多书获得的知识更多。事实证明，这样的练习是十分有价值的，因为它们建立在大脑深入记忆的基础上。经过这样的训练之后，眼睛在看书的时候会十分迅速，并且可以将一些朦胧的观点依靠自己的知识串联起来，在脑海中形成清晰的画面。在这个过程中，读者能够寻找到很大的乐趣。要想使自己文章的内容真正被读者领会，还需要把整个图像拆散开来，每个组成部分加以认真地思考。

此外，阅读的时候还需要对细节进行把握，清楚地理解每个词的意思。因为有时候我们也许弄懂了整个句子的意思，而对其中的某个单词并不能十分清楚地进行解释。这样的话，很可能会错过句子中最主要的部

分。希尔在《心理要素》中写道：假设我从窗户向外看去，看到一匹飞奔的黑马。整幅图画是在想象中出现的，在我没有用语言把它记录下来之前，它只是一个整体的形象。但是在我写的时候，必然需要一个把这个形象拆开的分析过程。我必须称这一动物为“马”，它的颜色是“黑色”，它的动作是在“奔跑”，它奔跑的速度是“飞快”。我必须在这匹马的名词前加上定冠词或者不定冠词。所有部分都齐备了，这个句子就是一匹马在飞快地奔跑。一个句子被分成了五个相对独立的限定成分，每个限定都备用一个单词来表述。有句格言说得不错，“如果说不清楚，就不能算完成”。把思想用自己的话表述出来可以从某些事实中得到体现，以上作家的例子说明，尽管对词语的斟酌可能没有太大的意义，但在阅读的时候需要在脑海中呈现你读到的每句话的具体意象。

意志诊断：健康人生的4种疗法

意志力也会患病吗？会。有时意志也像身体的其他器官一样，会出现病态。“好逸恶劳”“拈轻怕重”就是一种意志力疾病，其实每个人身上都或多或少有些意志力疾病，这些疾病既有生理引起的，也有心理引起的，并且表现为种种特征和病因。

1. 摆脱懒惰

有人说，人是好逸恶劳的动物，在一定程度上，这种看法是对的。人总是希望在工作中减少体力付出，在生活中尽量舒服、安逸，获得更大的满足和安逸也是人活动的动力。但如果贪图安逸，就会产生惰性。惰性在生活中表现为不求上进、意志消沉、安于现状、心态消极；在工作中无所追求、不学无术、糊涂混日。惰性对人的身心健康会造成一定危害。

以下是几个克服懒惰的好方法，不妨试一试：

（1）树立责任心。

（2）培养热情、积极的生活态度。

（3）树立高尚的生活目标和理想。

（4）保持规律生活。

（5）坚持健身运动。

2. 摆脱纠结

现代有一个敏感词——纠结，很多人说到这个词或听到这个词时都会很“纠结”，因此自己或多或少有些“纠结”。当今社会，压力大，成本高，竞争激烈，发展迅速，导致人们很容易迷失自我，不知道自己到底要什么，不知道自己到底该怎么办，因此只好“纠结”。纠结让现代人“很受伤”，面对纠结，很多人慨叹“伤不起”！

生活中有不少这样的人，当决定将要做什么时，他们对自己的意志力很自信。但是他们发现，实现当初的决定非常困难。他们不断权衡利弊，直至筋疲力尽；还未解决手头事项，头脑已然一片混乱，根本没有进行清晰的思考。

如果你有这个毛病——纠结，你一定要集中全部力量摒弃它。一件事情中的困难或多或少地与你自身素质有关，但是，无论如何都是能够克服的。

现在让我们用以下方法摆脱纠结：

（1）总是保持坚强决心。

（2）培养自我意识和自我控制意识。

（3）要始终记得自己在哪里，在做什么。

（4）在任何情况之下，都不要让自己的情绪激动或头脑混乱。一旦发现出现了这两种情况中的任何一种，放下手头的事情，直到自己恢复镇静再做决定。

如果事情不能拖延，那么唤起自己心中巨大的意志力。记住：“我一定要冷静！”然后做出尽可能明智的决定。下一次出现紧急情况时，将得益于本次体验。

但是，不要将时间浪费在毫无意义的检查错误之中，保持头脑冷静，准备面对将来更为重要的事情。

（5）学会一次只想一件事情。不管正在干什么事情，都要全心全意

去做。

（6）要把优柔寡断造成的问题和痛苦，转化成当机立断的决心。

（7）纠结拿不定主意时，单独思考一下做事动机。每次只考虑其中的一个动机，并且分析清楚。不要让其他想法分散注意力。审视动机时，迫使自己对每一个动机都形成鲜明认识，然后对整体有明确理解。随之重新衡量所有原因、利弊，尽量快速进行。

然后，下定决心！立即行动！可能要冒些风险，但是任何人都会冒风险。千万不要后悔自己做出的决定。

（8）至少在三个月内，每天早晨决定自己如何着装，迅速做出决定，固定着装步骤的准确程序。严格坚持自己的计划。不要放弃，不要犹豫。根据你的搭配，尽量每天改变着装次序。

（9）决定何时前往办公室或者任何目的地，然后在到达之前，始终要记得自己的目标。

起程时不要规划路线，暂停片刻，给出理由，然后换乘车辆或者继续前进；下次需要时，重复上述训练。

坚持这个练习，直至可以面对突发事件迅速做出反应。

3. 甩掉后悔

后悔之心对意志的产生具有十分消极的影响，一个人如果对自己的行为感到了后悔，那么，他就很难再继续坚持下去。

（1）做自己决定的事。如果父母、上级、邻居，甚至爱人不赞成你的某些行为，你可以认为这是正常的，关键在于你要对自己表示赞许。得到他人的赞许是令人愉快的，但也是无关紧要的。一旦你不再需要得到他人的赞许，就不会因自己的行为受到反对而内疚、悔恨了。

（2）将你自己所做过的各种错事列成清单。根据从 1 ~ 10 的标准评分，标明你对每件事的后悔程度，并且将各种错事的分数加起来，想一想分数高低对你的现状有什么影响。你会发现现实依然是现实，一切后悔都是徒劳无益的。

（3）客观分析自己行为的各种后果。不要根据直觉来判断生活中的是与非，判断的标准应当是看你的行动是否使自己精神愉快，是否有助于你向前发展。

4. 摆脱恐惧

下面是几种摆脱恐惧的方法：

（1）把能引起你紧张、恐惧的各种场面，按由轻到重依次列成表（越具体、细节越好），分别抄到不同的卡片上，把最不令你恐惧的场面放在最前面，把最令你恐惧的放在最后面，卡片按顺序依次排列好。

（2）进行松弛训练。方法为坐在一个舒服的座位上，有规律地深呼吸，让全身放松。进入松弛状态后，拿出上述系列卡片的第一张，想象上面的情景，想象得越逼真、越鲜明越好。

（3）如果你觉得有点不安、紧张和害怕，就停下来莫再想象，做深呼吸使自己再度松弛下来。完全松弛后，重新想象刚才失败的情景。若不安和紧张再次发生，就再停止后放松，如此反复，直至卡片上的情景不会再使你不安和紧张为止。

（4）按同样方法继续下一个更使你恐惧的场面（下一张卡片）。注意，每进入下一张卡片的想象，都要以你在想象上一张卡片时不再感到不安和紧张为标准，否则，不得进入下一个阶段。

（5）当你想象最令你恐惧的场面也不感到脸红时，便可再按由轻至重的顺序进行现场锻炼，若在现场出现不安和紧张，亦同样让自己做深呼吸放松来对抗，直至不再恐惧、紧张为止。

测一测　意志力强弱测试

对自己的意志力进行诊断，需要检查一下自己的意志力的强弱，把握轻重。下面就让我们一起测量一下自己的意志力，以便“对症下药”。

检测说明：在每道题的三个选项中选一个适合自己的答案，然后根据后面的记分规则，查看自己的意志力检测结果。

1. 有一次，你和几个“死党”到好友家做客，茶几上放着你最爱吃的巧克力糖，但好友并没有开口招呼你们，你会怎么做？（　　）

A. 立刻拿起一颗巧克力糖放到嘴里吃，再抓一把分给“死党”。

B. 坐在茶几前，一个接一个地吃了起来。

C. 静坐着和朋友聊天，以转移注意力。

2. 有一天，你和朋友一起去逛街，在橱窗中看到自己喜欢的新款式服装，可是这个月的花费已经有些超支了，你会怎么做？（　　）

A. 向好友借钱买下它，并约好下个月领薪水时还给好友。

B. 反复犹豫后，拿出存折去取钱买下它。

C. 多方考虑后，决定下个月有剩余的钱时再买。

3. 你和朋友聊天时得知他很多的隐私和秘密，当他人向你打听时，你会怎么做？（　　）

A. 立即把自己所知道的事情全都“抖”出来，并添油加醋一番。

B. 将自己所知道的，不多也不少地透露给朋友，并炫耀自己了解别人很多。

C. 什么也不说，所有朋友的隐私和秘密你都能保证不向他人透露。

4. 在你向自己、朋友作出承诺改变某一个坏习惯时，你通常会怎么做？（　　）

A. 说说就算，从不遵守承诺。

B. 维持几天，意思意思就好。

C. 说到做到，坚持改掉这些习惯。

5. 如果能在早上七点起床后思考、准备一天的工作，让你做事更有效率，你会怎么做？（　　）

A. 虽然每天早上七点准时被闹钟吵醒，仍赖在床上直到八点才起来。

B. 大约在七点二十分起床，然后冲个热水澡让自己清醒。

C. 把闹钟调到六点五十分，以便能准时在七点起床。

6. 朋友要你帮忙查一个重要的地址，而你正在看一本引人入胜的小说，你会怎么做？（　　）

A. 等看完正精彩的部分再帮忙查。

B. 立刻帮好友查看、确认，接着继续看小说，等朋友打电话来问结果，再告诉他。

C. 立刻帮好友查看、确认，并在第一时间打电话给朋友告知结果。

7. 假如上司交办一个很重要的文案，要求你六周之内完成，你会怎么做？(　　)

A. 先搁置几天，找到感觉后再开始做。

B. 不疾不徐地作出安排，不断想着自己还有六周的时间，还早呢！

C. 立刻着手进行，并要求自己提前两天完成。

8. 你常常因为读一本引人入胜的小说或看一部精彩的电视节目或电影而错过和朋友约定的时间吗？(　　)

A. 经常会。

B. 偶尔会。

C. 从不。

9. 自己所制订的计划，你一般都按原定计划执行吗？和朋友的约会都能按时赴约吗？(　　)

A. 偶尔会。

B. 少数情况下会。

C. 绝大多数情况下一定会做到。

10. 周六晚上，室友邀你一起通宵看影片，但周日早上你还要早起去做兼职，你会怎么做？(　　)

A. 应邀看通宵，第二天太疲倦就请假补眠。

B. 陪室友到半夜十二点，然后回房睡觉。

C. 拒绝邀请，和室友说明状况，好好睡一觉。

计分方式：

选 A 计 1 分，选 B 计 2 分，选 C 计 3 分。

测试解析：

10 分以下：意志力非常弱。

你很想坚持你的计划、目标，却很少能坚持到底。你并非缺乏意志力，而是比较随性，只喜欢做那些感兴趣的事，一旦兴致高昂，就会坚持

下去，但多数情况下你所坚持的都是错误的决定。

11~20分：意志力稍弱。

你很懂得权衡轻重，知道什么时候要坚持到底，什么时候该轻松一下，但很多时候你会因为外界因素的变化，而改变自己原本的计划，尤其是遇到那些你极感兴趣的事情时，好玩心会战胜你的决心。建议在生活和工作中，多从小事坚持，逐渐让自己的意志力变得更强。

21~30分：意志力超强。

你的意志力比较强，无论任何人、任何事都不能轻易改变你的专注力，只要你能好好加以控制，坚持做正确的事，无论在生活还是工作中，你都能取得比他人更优异的成绩。但有时太执着并非好事，偶尔尝试改变一下，生活将会更充满趣味。

第五章

检视你的信念
——做一个内心强大的自我

信念使我们无所畏惧地去面对生命的艰难和困苦，无所畏惧地去面对人生的狂风暴雨，无所畏惧地去面对命运的海啸与地震。信念驱动着我们的肉身，是生命最好的补药。

用信念作为超越自我的动力

我们可先从一则寓言说起。

> 一天，一条小河来到了大山的脚下。大山轻蔑地看了小河一眼，狂妄地说："就这么一条小河流，也想从我身上过？还是老实地从我脚下绕过去吧。"小河没有说话，只是不停地撞击着大山。开始，大山并没有在意。然而日复一日，年复一年，大山渐渐感觉到自己在被河水削平，而小河则在一天天地汇集直流而变大。终于，小河在大山的身上冲刷出了一条河谷——此时的小河也已经不是小河，而是一条大江。

正如这条执着的小河一样，每个人的力量都是有限的，但每个人的潜力又是无限的。而能够让人类超越自我，发挥出无限力量的动力，便是信念。

信念到底是一种什么样的力量？信念是一种水滴石穿、江流入海的执着，信念是一种"飞蛾扑火，一往无前"的勇气，信念是一种面对人生磨难一笑置之的洒脱，信念是一种"日入中天，光耀四方"的伟大。人类的体能是有限的，但精神的力量却是无限的。只有精神的力量，才能让人们超越自我，超越人类体能的极限，创造别人认为不可能的奇迹。给信念一个机会，它就会给你的人生一个奇迹。

> 张海迪出生在山东省文登县一个知识分子家庭。在 5 岁的时候，她也遭遇了跟海伦·凯勒相似的情况。不过，她并不是失明，而是患

了严重的高位截瘫——自胸部以下的身体完全失去了知觉。医生们一致认为，像这种高位截瘫的病人，一般很难活过27岁。但是，张海迪并没有就此消沉，而是更加珍惜自己的分分秒秒，用勤奋的学习和工作来延长生命。

1970年，她跟随带领知识青年下乡的父母到莘县尚楼大队插队落户。看到当地群众因为缺医少药而痛苦不堪，她便萌生了学习医术，解除群众病痛的念头。她用自己的零用钱买来了医学书籍、体温表、听诊器、人体模型和药物，努力研读了《针灸学》《人体解剖学》《内科学》《实用儿科学》等书。为了认清内脏，她把小动物的心肺肝肾切开观察；为了熟悉针灸穴位，她在自己身上画上了红红蓝蓝的点儿，在自己的身上练针体会针感。功夫不负有心人，她终于掌握了一定的医术，能够治疗一些常见病和多发病。此后，在十几年中，她治病的群众达1万多人。

后来，张海迪随父母迁到县城居住，一度处于没有工作的状态。她从保尔·柯察金和吴运铎的事迹中受到鼓舞，从高玉宝写书的经历中得到启示，决定走文学创作的路子，用自己的笔去塑造美好的形象，去启迪人们的心灵。她读了许多中外名著，写日记、读小说、背诗歌、抄录华章警句。此外，她还在读书写作之余练素描、学写生、临摹名画、学会了识简谱和五线谱，并能用手风琴、琵琶、吉他等乐器弹奏歌曲。

再后来，张海迪成为残联主席，她的作品《轮椅上的梦》一经问世，便在社会上引起了强烈反响。随后，她又不断进取，学习了英语、日语、德语和世界语，并翻译了一些外文著作。

张海迪的事迹再次向世人证明，只要有信念，生活就没有失败和放弃。只要有梦想，人生就不会有绝望和阴霾。即使你面临困境甚至身患残疾，只要你有坚定的信念和顽强的意志，就能超越自己身体的极限，去创造和正常人一样的成就和奇迹。

信念是超越自我的动力。没有信念作为动力，自己永远都是自己最大的敌人，我们必须依靠信念的力量来不断超越自我（特别是在逆境中更要如此），最终创造生命的奇迹。

以信念指引人生的方向

信念和观念都是人们对事物的看法。可以说，每个人都有自己独特的信念，有什么样的信念就有什么样的人生观和世界观。信念是一种人生的态度，更是一种人生的方向，有着怎样的信念，人生的画笔就自然会沿着信念的线条勾勒出怎样的人生。没有了信念，也就如大海中的船只失去了指向的灯塔，只能永远漂浮在茫茫大海中而不能到达自己人生的彼岸。

对于一个旅行者来说，最重要的东西可能并不是随身携带的生活物品和食物，而是指南针，因为只有知道自己的方向，才能知道应该怎样继续自己的旅途，怎样克服眼前的困难并最终到达目的地。人生其实就像一次旅行，你可以经历磨难，你可以暂时处于困境，但是你必须有一个人生的方向；否则，你的人生就会漫无目的，最终只能浑浑噩噩地度过。而能够指明人生方向的指南针，就是信念。

信念并不是天生就具有的，同样也不是恒久不变的。每个人的信念都与自己的生长环境和境遇有着密切的关系。老师或亲人的一句赞许，人生中的一次偶然的成功或者失败，都可能在人生信念的成长道路上画上浓墨重彩的一笔。信念的树立往往也就是人生方向的确定。不同的信念会使人生走向不同的方向，从而带来截然不同的结果：如果树立了一个好的信念，你以后的人生可能就会遵循着信念的指引，逐渐地靠近自己树立的目标，最终使自己成为一个成功之人；如果信念背离了社会和人伦道德，你也有可能从此踏上不归路，最终抱着这个黑暗的信念堕入万劫不复的深渊。

美国纽约州历史上第一位黑人州长罗杰·罗尔斯的故事正说明了信念决定人生方向的道理。罗杰·罗尔斯出生在纽约声名狼藉的大沙头贫民窟，这里环境肮脏，充满暴力，是偷渡者和流浪汉的聚集地。在这儿出生的孩子从小就逃学、打架、偷窃甚至吸毒，长大后很少有人从事体面的职业。然而，罗杰·罗尔斯却是个例外：他不仅考入了大学，而且最终成了纽约州的州长。

在一次记者招待会上，一位记者对他提问道："究竟是什么因素把你推向州长宝座的?"面对三百多名记者，罗尔斯对自己的奋斗史不提一词，仅仅谈到了自己上小学时的校长——皮尔·保罗。

> 皮尔·保罗担任诺必塔小学的董事兼校长的时候，正是美国"嬉皮士"流行的时代，他发现诺必塔小学的穷孩子们比"迷惘的一代"更加无所事事：他们不与老师合作，而是旷课、斗殴，甚至砸烂教室的黑板。皮尔·保罗想尽各种办法来引导他们，可是完全没用。后来，他发现这些孩子都非常迷信，因而在他上课的时候便多了一项内容——给学生看手相，并用这个办法来激励学生。
>
> 一天，当罗尔斯自窗台上跳下，伸出小手走向讲台时，皮尔·保罗握着他的小手说："我一看你修长的小拇指便知道，将来你会成为纽约州的州长。"当时，罗尔斯非常震惊，因为长这么大，只有他奶奶鼓励过他一次，说他可以成为五吨重的小船船长。这一次，皮尔·保罗先生竟然说他可以成为纽约州的州长，这实在出乎他的意料。于是，他用心记下了这句话，并且对它坚信不疑。
>
> 从那天起，罗尔斯发生了翻天覆地的变化：衣服穿得干净整洁，言谈举止得当，喜欢挺直腰杆走路。在之后的40多年间，他没有一天不按照州长的身份对自己严格要求。结果，在51岁那年，他如愿以偿成了州长。

罗尔斯在自己的就职演说中说："信念值多少钱？信念是不值钱的，它有时甚至只是一个善意的欺骗，然而你一旦坚持下去，它就会迅速升值。"

罗尔斯的经历给我们这样一个启示：信念就是所有奇迹的萌发点。所有成功的人，最初都是从一个信念开始的。你不需要花费很多的金钱或者

代价来获得它，需要的只是一颗细腻而坚定的心，有了这颗心，你便会在不知不觉中发觉它慢慢向你靠近，而你也会在它的引领下慢慢向成功靠近。

当然，人生充满风浪，寻找信念的道路往往也不是一帆风顺的。无数人在经历了很多的挫折后逐渐丧失了信心，也丧失了去寻找人生信念的勇气。其实，这些人也许再多试几次就能找到正确的信念，从而走向成功，就此放弃实在可惜。因此，在寻找信念的路上必须有百折不挠的精神。

一个纽约百万富翁的故事正说明了目标和信念的重要性。

这个富翁曾经在一家纺织品公司工作，最初的薪水只有每周七美元零五十美分；后来，他的薪水一下子就涨到了每年一万美元——而这之间竟然没有任何的过渡；更令人称奇的是，没过多久，他还成为这家纺织品公司的合伙人。

刚去公司时，他与公司签订5年的工作合同，相约这5年内薪水不做改变。但是，他暗下决心：绝对不满足于这每周七美元零五十美分的低微薪水，绝对不可以就此不思进取。他一定会让老板们知道，他绝不比公司中的任何一个人差，他会成为最优秀的人。

他工作的质量很快吸引了周围人的注意。3年之后，他早已对工作如鱼得水，游刃有余，以至于另一家公司愿意用3000美元的年薪聘用他成为海外采购员。但是，他并没有向老板们提及这件事，在5年的期限结束之前，他甚至从来没有向他们暗示过要终止工作协定，尽管那只是一个口头约定。或许有很多人会说，不接受这样优厚的条件，他实在是太过愚蠢。但是，在5年的合同期满之后，他获得了应有的回报：他所在的公司给予了他每年10000美元的高薪，他也最终变成了该公司的合伙人。

理所当然，他变成了一个最大的获利者。假若他当时对自己说：“每周七美元零五十美分，他们只能给我这么多，而我也就值这么多钱，既然我仅仅领着每周七美元零五十美分，那么我为什么去考虑每周50美元的业绩呢?”假如那样的话,结局自然不用说,人们也会知道:他肯定不会成功。

以上故事的结局便是在信念指引下的完美结果。

人生有无数种可能,从来就没有什么定式。在条条岔道面前,你的选择便是你的人生方向,而最终决定你选择的便是人生的信念。有什么样的人生信念便会有什么样的人生方向,而信念是否坚定则决定了你能否沿着自己的人生方向最终到达终点。

以铁磨铁——用信念战胜逆境

火石不经摩擦,火花不会发出;同样,人们不遇困难的打磨,其生命火焰也不会燃烧!因为困难可以使人的身心更坚毅、更强固。有一位哲学家曾经说过:“许多人之所以伟大,来自他们所经历的大困难。”精良的斧头,其锋利的斧刃是从炉火的锻炼与磨削中得来的。人生也是如此。

在偏远地区的一所小学校里,由于条件落后,每到冬季就要用老式的烧煤锅炉来取暖。有个小男孩每天提早来到学校,将锅炉打开,好让老师和同学们一进教室就能享受到暖气。

但有一天,当老师和同学们到达学校时,发现有火苗从教室冒出。经过大家的努力,他们救出了还没来得及跑出来的小男孩,当小男孩被救出时,他的下半身已被严重灼伤,整个人完全失去意识,只剩下一口气。

送到医院急救后,小男孩恢复了知觉。躺在病床上的他迷迷糊糊地听到医生对妈妈说:“这孩子的下半身被火烧得太厉害了,能活下去的希望实在很渺茫。”

然而,这个勇敢的小男孩不愿意就这样被死神带走,他还想要活下去。果然,让医生震惊的是,他熬过了最难过的一刻。但是,等到危险期过后,他又听到医生跟妈妈小声说道:“其实保住性命对这孩

子来说不一定是好事。他的下半身遭到的伤害太严重了，就算勉强活下去，下半辈子也肯定是个残废。”

这时小男孩又在内心暗暗发誓，他不甘心做个残废的人，他一定要站起来走路，但是，不幸的是，他的下半身没有一点行动能力。两条细弱的腿垂在那里，没有丝毫知觉。

出院后，他的妈妈每天为他按摩双腿，从未间断，但依然没有任何好转迹象。即使如此，他想要走路的决心也不曾动摇。

大多数时候，他都是用轮椅代步。有一天天气格外晴朗，妈妈推着他来到院子里呼吸新鲜空气。他望着阳光照耀下的草地，内心突然有了一个想法。他奋力把身体移出轮椅，之后拖着无力的双腿在草地上匍匐前进。

一步步，他最终爬到篱笆墙边；紧接着他费尽全身力气，用力地扶着篱笆站了起来。抱着很大的决心，他每天都扶着篱笆练习走路，每次都要走到篱笆墙边，使篱笆墙边出现了一条小路。他内心只坚定一个目标：一定要站起来。

凭着坚定的信念，以及每日持续的按摩，他终于能用自己的双腿站起来，然后走路，甚至能跑步。后来，他上了大学，在校时他和同学们一起跑步，还被选入田径队。

这个男孩就是著名的葛林·康宁汉博士。一个被火烧伤下半身的孩子，原本一辈子都无法走路、跑步，但他凭着坚定的信念，跑出了全世界最好的成绩。

信念不倒，人就不倒。有些事情我们无法选择，但是我们可以选择坚强。只要信念不倒，我们就会有面对苦难的勇气；只要信念不倒，我们就能从跌倒的地方爬起来继续向前。

相信自己——用自信坚定信念

自信是一种意识状态，它和人类的关系，很像是蒸汽机和火车的关系——它是行动的主要推动力。自信还具有感染性，所有和自信的人有过接触的人都将受到积极的影响。培养自己的自信品格，是一个人迈向成功的第一步。

一家很有名的出版社，高薪招聘婴幼儿选题方面的编辑。招聘启事上是这样写的：应聘者不仅要有良好的文笔，还要懂得儿童心理学。更重要的一点是：要有无处不在的自信。

看到这则启事，一直从事儿童心理研究的李爽感觉这个职位简直就是为自己量身定制的。

不过，这次的竞争十分激烈：和李爽一样渴望进入这家出版社的人很多。结果，几十个人在几轮笔试中杀得硝烟四起；经过层层闯关，李爽与另外两人进入了最后的面试关。

看着坐在会议室等待老总面试的另外两名选手，历来自信的李爽突然生出一丝担忧，因为能闯到这一关的人肯定不是弱者。李爽的担忧不是没有道理：虽然自己是学中文的，文笔也还不错，而且对儿童心理方面颇有研究，但毕竟没有把理论与实践相结合的经验，对图书出版过程更是知之甚少。李爽问了其他两人，得知他们都有相关的从业经验，其中一个还在出版界小有名气。听到这些，李爽感觉自己这一轮面试有些凶险。

她忐忑地等待着。

终于轮到李爽了。她稳定了一下情绪，对自己说："不要担心，我是最棒的！"

坐到老总对面，李爽开始接受他的询问。刚开始，老总问的都是一些很简单的问题，由于李爽做了充分的准备，因此回答起来也很得心应手。

老总接着问："你了解过我们的出版物吗？"

李爽点了点头。

老总又问："那你能否对我们的出版物做一下评价，说说我们的

出版物在市场上是一个什么样的状况?”

这是一个非常具体的问题。面试之前，李爽就想到了可能会有这样的问题出现，这也是很多面试官都会提到的，所以她事先对出版社的规模、发行方式、出书风格做了一个大概的了解。不过，对于一个从来没做过出版工作的人，要想在短时间内了解清楚出书的过程，还要了解图书市场，是很难做到的。而且，即使是一个专业人士，要想把市场了解透彻，也是很不易的。所以，李爽的回答很模式化，也很表面化。

回答完毕后，李爽不安地看着老总，希望能从他的表情里读出一点什么。很遗憾，她什么也没看到。最后，老总看着她说：“你说的这些只不过是表面现象。”

听到这里，李爽的自信心轰然坍塌。由于极想加入这家出版社，她便诚恳地说：“我会努力学习，希望您能给我这个机会。也许我现在还不能达到令您满意的程度，但我会尽力做到最好。”

最终，李爽没能加入到这家知名的出版社。她把这次失败的经历归罪到自己没有学习出版知识、没有实践经验上。

后来，在一个偶然的机会，李爽又见到了当初面试自己的那位老总。心有不甘的她向老总问及自己当时失败的原因。老总看着她说：“年轻人，其实你很优秀，只不过当时你表现得不太自信。”

李爽无论如何也不能相信自己“不太自信”，因为她一直以自己的自信为荣。看着李爽一脸的纳闷，老总想了想，说：“其实，我最后那句话是故意说的。作为一个非专业人士，你的回答已经很好了，可是你仅仅听了我的一句话，就对自己产生了怀疑。你别忘了，我们的招聘启事里有一条特别强调：‘要有无处不在的自信。’”

李爽恍然大悟，从此她对自信有了更深刻的理解。

在人一生的奋斗中，决定事业成败的关键，在于我们的坚定信念。没有自信，人就像一块没有安装电池的手表，无法让生命的时钟运行；拥有自信，你就会惊异地发现，你极其渴望和努力为之奋斗的目标完全能够实现。所以，解读了自信，也就解读了成功。

在很多时候，我们之所以失败并不是因为势单力薄或者智力低下，也不是没有把整个局势分析考虑详尽，而是缺乏自信。如果我们在人生的道路上时刻保持自信，就会发现，成功并非遥不可及。

信念提升： 全新激励12法

在现实生活中，要学会自我调适、自我激励，来培养自己的信念。以下方法可以帮你塑造自我，塑造那个你一直梦寐以求的自我。

1. 树立宏大远景

迈向自我塑造的第一步，要有一个你每天早晨醒来为之奋斗的目标，它应是你人生的目标。远景必须即刻着手建立，而不要往后拖。你随时可以按自己的想法做些改变，但不能一刻没有远景。

2. 远离自己的舒适区

不断寻求挑战激励自己。提防自己，不要躺倒在舒适区。舒适区只是避风港，不是安乐窝。它只是你心中准备迎接下次挑战之前刻意放松自己和恢复元气的地方。

3. 把握好情绪

找出自身的情绪高涨期用来不断激励自己。

4. 调高目标

如果你的主要目标不能激发你的想象力，目标的实现就会遥遥无期。因此，真正能激励你奋发向上的是，确立一个既宏伟又具体的远大目标。

5. 做好调整计划

在自己的事业波峰时，要给自己安排休整点。安排出一大段时间让自己隐退一下，即使是离开自己挚爱的工作也要如此。只有这样，在你重新投入工作时才能更富激情。

6. 立足现在

不要沉浸在过去，也不要耽溺于未来，要着眼于今天。

7. 敢于竞争

不管在哪里，都要参与竞争，而且总要满怀快乐的心情。要明白，最终超越别人远没有超越自己更重要。

8. 走向危机

危机能激发我们竭尽全力。无视这种现象，我们往往会愚蠢地创造一种追求舒适的生活，努力设计各种越来越轻松的生活方式，使自己生活得风平浪静。当然，我们不必坐等危机或悲剧的到来，从内心挑战自我是我们生命力量的源泉。圣女贞德（Joan of Arc）说过："所有战斗的胜负首先在自我的心里见分晓。"

9. 精工细笔

创造自我，如绘巨幅画一样，不要怕精工细笔。如果把自己当作一幅正在描绘的杰作，你就会乐于从细微处做改变。一件小事做得与众不同，也会令你兴奋不已。总之，无论你有多么小的变化，对于你来说也很重要。

10. 敢于犯错

有些事大胆去做，不要怕犯错。给自己一点自嘲式幽默，抱着一种打趣的心情来对待自己做不好的事情，一旦做起来了尽管乐在其中。

11. 别人的拒绝要积极面对

不要消极接受别人的拒绝，而要积极面对。应该让这种拒绝激励你更大的创造力。

12. 接受挑战后，要尽量放松

自己能做的事，不必祈求上天赐予你勇气，放松可以令你产生迎接挑战的勇气。

十大信念超强训练法

信念的力量，让我们在逆境中亦能扬起奋勇前行的风帆；信念的伟大，让我们在遭遇不幸时亦能召起心中的希望，激发出生活的力量。下面介绍十大信念训练方法，坚持下去让这10个信念长在自己心中。

1. 今天，我要开始全新的生活

联想练习：每次，当你要刷牙的时候，在心里重复，“今天，我要开始全新的生活。”

2. 我是最棒的，一定会挣很多钱

联想练习：拿出牙刷，像个棒子吗？对，“我是最棒的，一定会挣很多钱!”

3. 成功一定有方法

联想练习：拿出牙刷，前端是方的吗？“成功一定有方法。”

4. 我要每天进步一点点

联想练习：挤出牙膏一点点，“我要每天进步一点点。”

5. 我用微笑来面对生活

联想练习：张开口，准备将牙刷入进口里，“我用微笑来面对生活。”

6. 人人都是我的贵人

联想练习：牙膏“挨”着牙齿了，一排牙膏犹如一群人，“人人都是我的贵人。”

7. 天生我材必有用

联想练习：刷牙的时候，要横着刷牙，口张到最大的时候，“天生我材必有用。”

8. 我爱我的工作

联想练习：刷牙完毕，看着镜子里的自己，坚定信心，“我爱我的工作!”

9. 我要立即行动

联想练习：离开梳妆台，“我要立即行动!”

10. 坚持到底，绝不放弃，直到成功

联想练习：开始出门，“坚持到底，绝不放弃，直到成功!”

练习方法有两种：

第一种，连续 30 天，每天把第一条信念重复 10 次。30 天后，再连续 10 天，把第二条信念重复 10 次。依次类推。这样，在 300 天的时间，你会重复所有信念 300 次，这些信念就将在你的大脑里扎根，生芽，成长，融入你的血脉，变成你自己真实的信念。只是，每天这 10 次最好是手写，写每个字的时候，多想一想它的深层含义，为它所感动，为它所吸引，不要变成自言自语，更不要心不在焉。

第二种，每天把这 10 条重复 2 遍以上，持续 10 年。

测一测　你的信心强吗

你有安全感吗？你谦虚吗？你对自己有信心吗？通过以下试题也许能帮助你认识自己是否活得自信。请在每题后的括号里写上“是”或“否”，“是”计 1 分，“否”计 0 分。

1. 一旦你下定了决心，即便没有人赞同，你仍然会坚持做到底吗？（　　）
2. 参加晚宴时，即使很想上洗手间，你也会忍着直到最后结束吗？（　　）
3. 如果想买性感内衣，你会尽量邮寄，而不亲自到商店里去买吗？（　　）
4. 你认为你是个绝佳的情人吗？（　　）
5. 如果店员的服务态度不好，你会告诉他们经理吗？（　　）
6. 你经常欣赏自己的照片吗？（　　）
7. 别人批评你时，你会觉得非常难过吗？（　　）
8. 你很少向人说出你的真实意见吗？（　　）
9. 对别人的赞美，你持怀疑态度吗？（　　）
10. 你总是觉得自己比别人差吗？（　　）
11. 你对自己的外表满意吗？（　　）
12. 你认为自己的能力比别人强吗？（　　）
13. 在聚会上，只有你一个人穿得不正式，你会感到不自在吗？（　　）
14. 你是个受欢迎的人吗？（　　）

15. 你认为自己很有魅力吗？（　　）
16. 你有幽默感吗？（　　）
17. 目前你的工作是你的专长吗？（　　）
18. 你懂得搭配衣服吗？（　　）
19. 危急时，你很冷静吗？（　　）
20. 你与别人合作无间吗？（　　）
21. 你认为自己只是个寻常人吗？（　　）
22. 你经常希望自己长得像某某人吗？（　　）
23. 你经常羡慕别人的成就吗？（　　）
24. 你为了不使人难过，而放弃自己喜欢做的事吗？（　　）
25. 你会为了讨好别人而打扮吗？（　　）
26. 你勉强自己做许多不愿意做的事吗？（　　）
27. 你任由他人来支配你的生活吗？（　　）
28. 你认为你的优点比缺点多吗？（　　）
29. 你经常跟人说抱歉吗？即使在不是你错的情况下。（　　）
30. 如果在非故意的情况下伤了别人的心，你会难过吗？（　　）
31. 你希望自己具备更多的才能和天赋吗？（　　）
32. 你经常听取别人的意见吗？（　　）
33. 在聚会上，你经常等别人先跟你打招呼吗？（　　）
34. 你每天照镜子超过三次吗？（　　）
35. 你的个性很强吗？（　　）
36. 你是个优秀的领导者吗？（　　）
37. 你的记性很好吗？（　　）
38. 你对异性有吸引力吗？（　　）
39. 你懂得理财吗？（　　）
40. 买衣服时，你通常会先听取别人意见吗？（　　）

测试解析：

25～40 分：说明你对自己的信心十足，明白自己的优点，同时也清楚

自己的缺点。不过，在此警告你一声：如果你的得分将近40的话，别人可能会认为你很自大狂傲，甚至气焰太盛。你不妨在别人面前谦虚一些，这样人缘才会好。

12～24分：说明你对自己颇有自信，但是你仍或多或少缺乏安全感，对自己产生怀疑。你不妨提醒自己，在优点和长处各方面并不输人，特别强调自己的才能和成就。

11分以下：说明你对自己显然不太有信心。你过于谦虚和自我压抑，因此经常受人支配。从现在起，你要尽量去想自己的弱点，多往好的一面去衡量；先学会看重自己，别人才会真正地看重你！

每个人都有自己的天性禀赋，这是你区别于他人的独特优势，每个人都应该自信。自信就是对自己的优势的正确认识，是提升自我尊严和价值，让自己生活得更好，是事业成功的心理基础，也是让自己辐射魅力的必要条件。一个自信的人，自然会有更多的安全感，内心也更加有力量。试想，一个连自己都不爱的人，一个不自信的人，又怎么可能做成点事情，怎么可能对他人产生吸引力呢？每个人都应该相信李白的那句话："天生我材必有用。"在有生之年，尽力发扬自己的个性和才华，并积极发掘自己的天赋潜力，让自己发光，同时也照亮别人。这样的人生，才算无悔的人生，也是有意义的快乐的人生。

第六章

改变你的思维
——自我援助，走出思维的怪圈

思维是影响人生成败的关键因素，左右着一个人的人生轨迹。思维不同，看问题的角度方式就不同，所采取的行动方案也会不同，面对机遇的选择也就不同，最终在人生路上收获的成果就有天壤之别。成功者之所以成功，是因为他们掌握并运用了正确的思维方法。在这个充满竞争的社会里，学会转变思维，应对新的挑战吧！

思维模式决定你的人生

人与人之间的差别在哪里呢？人与人之间的差别，关键就在于一个人的思维模式，这一模式已经跟随了我们好多年，如同我们的隐形伴侣。有一些朋友上了很多成功学大师的课，也读了无数励志的书，但如果他的思维模式没有改变的话，他还会是老样子；如果他的思维模式改变了，那就一切都改变了。

我们常说，外在发生的一切其实是反映我们内在心灵世界的一面镜子。如果我们的内在世界发生了改变，变得更丰盛，那么外在世界的一切就会变得丰盛，梦想也就会一一实现。

有一个年轻人偷了邻居家的一只狐狸，结果邻居找上门来了。这个年轻人正襟危坐，若无其事地与邻居谈笑风生——此时，那只被他偷来的狐狸藏在他的腰里。当他正与邻居谈笑风生之际，狐狸开始一小口一小口地吃他的肉。那个年轻人忍着剧痛依然如故，一副若无其事的样子。结果，邻居刚走，他就倒地身亡。

这个故事告诉我们一个道理：吞噬我们的力量，是我们内在的模式。因此，你拥有什么样的思维模式，就决定你会有什么样的人生。外在的一切境遇是不重要的，重要的是你对事物的看法与态度。

积极思考是一种思维模式，它使我们在面临恶劣的情形时仍能寻找到最好的、最有利的解决方法。

著名歌唱家帕瓦罗蒂曾经接受邀请到法国参加一个演唱会。为了使自己达到最佳状态，所以晚上早早地就睡觉了。但没想到隔壁房间的一个婴儿一直哭个不停。他被吵醒了。当时，他也没放在心上，只是蒙着被子继续睡觉，觉得孩子哭一会儿就会睡着的。谁知那孩子一直在哭，那哭声具有极强的穿透力，帕瓦罗蒂的耳边“余音缭绕”，根本无法继续睡觉。当时，他感觉真的是心烦意乱，简直要崩溃了，于是披着被子在房间里来回走路，一边走一边祈祷：“那个婴儿快点睡着吧……”

但是，那个小孩儿好像就是在跟帕瓦罗蒂作对，无论他怎么祈祷都无济于事，小孩儿的哭声反而越来越大。当感到脑袋快炸开的时候，他意识到，其实小孩儿的哭声跟自己唱歌的道理是一样的。所以，他劝自己听孩子的哭声就像欣赏他唱歌一样。渐渐地，他感觉这个孩子比自己厉害，自己唱歌的时候一会儿就累了，可这个小孩却可以持续更久。

所以，此时的帕瓦罗蒂已经化烦躁为欢喜了，他把耳朵紧贴墙壁，认真地倾听起孩子的哭声。在听的过程中，他发现了一个问题，那就是在孩子哭到快到临界点的时候，就会把声音拉回来，这样做，声音可以不破裂。他得出的结论是：孩子用丹田发声，而不是用喉咙。因此，他也开始学着用丹田发音，发现效果真的不错。这样一个不眠之夜，他不断地练习，与隔壁的婴儿形成了对应。结果在第二天的演唱会上，他以饱满洪亮的声音征服了在场的所有观众，赢得了大家的阵阵掌声。

如果在那天晚上，在帕瓦罗蒂实在忍受不了孩子哭声的情况下，去找孩子的父母进行抱怨，那么他肯定不会发现这种好的发声方法，事业也不会取得很大的成功。所以，在遇到任何问题的时候，一定要保持乐观积极的心态，换种方式思考问题，那就是化逆境为顺境，最终走向成功。

因此，积极思考能够带给你实现欲望的精神力量、感情和信心，同时

能够让你坚定自己的信念，是迈向成功不可缺少的要素。

由此可见，积极思考是相当重要的，它能使一个懦夫成为英雄，从心志柔弱者变为意志坚强者，由软弱、消极、优柔寡断的人变为积极的人。

综上所述，思维模式可以决定人的一生。如果能够不断变消极思考为积极思考，你就会有坚定的信念和良好的自信，最终获得成功。

改变自我从转变思维开始

适时地转换自己的思维方法，就会使自己的思路更加清晰，视野更加开阔，做事的方法也更灵活，自然就会取得更优秀的成就。从某种程度上讲，改变了思维，人生的轨迹也会随之改变。

华若德克是美国大名鼎鼎的人物。在他还没有成名前，有一次，他带领下属参加在休斯敦举行的美国商品展销会，令他遗憾的是，他被分配到一个极为偏僻的角落，要知道这个角落少有人来。面对这种情况，为他设计摊位布置的装饰工程师建议他干脆放弃这个摊位，因为在这种情况下要展览成功几乎是不可能的。

经过深思熟虑，他觉得自己若放弃这一机会实在可惜，而这个不好的地理位置带给他的厄运也不是不能化解，关键就在于自己怎样利用这不好的环境，使之变成整个展会的焦点。他觉得改变这种厄运需要一种出奇制胜的策略，他因此陷入了深深的思考。他想到了自己创业的艰辛，想到了展销会的组委会对自己的排斥和冷眼，想到了摊位的偏僻，在他心中突然想到了偏远的非洲，自己就像非洲人一样受到不应有的歧视。

次日，他走到了自己的摊位前，心里充满悲哀又有些激奋，心想既然你们把我看成非洲难民，那我就给你们打扮一回非洲难民，于是一个计划就产生了。

华若德克请他的设计师帮他设计了一个阿拉伯古代宫殿式的氛

围，围绕着摊位布满了具有浓郁的非洲风情的装饰物，把摊位前的那一条荒凉的大路变成了黄澄澄的沙漠，他安排雇来的人穿上非洲人的服装，并且特地雇用动物园的双峰骆驼来运输货物，此外还派人定做大批气球，准备在展销会上用。

开幕式还没拉开，这个与众不同的装饰就引起了人们的好奇，不少媒体都报道了这一新颖的设计，市民们都期盼开幕式尽快到来，一睹为快。很快，展销会开幕了，此时，华若德克挥挥手，顿时展厅里升起无数五颜六色、各式各样的气球，气球升空不久便自行爆破，落下无数的胶片，上面写着："当你拾起这小小的胶片时，亲爱的女士和先生，你的运气就开始了，我们衷心祝贺你。请到华若德克的摊位，接受来自遥远的非洲的礼物。"这无数的碎片撒落在热闹的展销会场，结果是显而易见的，华若德克凭借自己的方式摘得了胜利的果实。许多事情从常规思维角度看来是不可能实现的，但是从发散思维角度去思考，往往办不成的事就能办成，不可能实现的目标最终也会实现。

从华若德克的故事我们不难看出：创新来自不受局限的自由遐想，它可以帮助我们以一种崭新的、与平常不同的方式来看待事物之间的关系，从而为自己带来巨大的收益。

通常有很多看上去无关紧要的事物，却能为人们提供对问题的领悟和答案。飞机外形的设计就来源于人们对鸟类的观察，潜水艇的外形很像是海豚，雷达来自于蝙蝠的知觉给人类的启发，皮下注射针像响尾蛇的牙……这一切都是有力的证明。

思路决定着出路，思考是人生最大的财富。学会思考，就能找到人生新的起点；学会思考，学会创新，成功就会向你走来。

拆掉陈旧的习惯与固有思维的墙

在现实中，因为一些习惯、规则的存在，遵守规则便成为一种生活智

慧，这种生活智慧却在发明创新上变成一种阻碍、一道心理枷锁，阻碍着人们突破常规思维，开创新的人生天地。

威廉·布莱克说过：“打破常规的道路指向智慧之宫。”

一辆卡车被卡在了立交桥底下。交通警察和围观的人们都过来了，大家都在想办法。

“把卡车的上面一部分去掉怎么样？”一个老人半开玩笑地说，那是一个精美的雕像。

“把桥拆掉吧。”一个男人说，“不过卡车司机可办不到。”

没有一个办法能够解决这个问题。

一个孩子看了看，说出了自己的想法：“把卡车的轮胎放了气会怎么样呢？”

当人们从卡车被卡的上半部分去考虑问题的时候，实际上跳入了一个陷阱之中：问题的解决可能并不在卡车的上半部分。小孩的思维并不局限于这样的限制之中，因此得出了与众不同的方法。

我们大多数时候总是受到自己的感觉和经验的影响，或者受到类似事件、自我所设定的思维准备的限制，这就是思考的惯性。

有时候这种感觉和经验对我们很有帮助，它能够告诉我们一般的解决方法，但有些时候却阻碍问题的解决。心理学家称之为惯性思维或思维定式。

所谓思维定式是心理学上的一个概念，是指人们在认识事物时，由一定的心理活动所形成的某种思维准备状态，影响或决定同类后继思维活动的趋势或形成的现象。

思维定式有哪些坏处呢？有一个很著名的跳蚤实验，可以很好地说明思维定式对思维的阻碍作用。

跳蚤能跳的高度是它自己身高的400倍，是世界上跳得最高的动物。有人将跳蚤放进了瓶中，它一下子就跳了出来。实验员将瓶子用木塞盖上。一开始跳蚤总是希望能够把瓶盖冲开，于是进行了一次次的撞击，不过都失败了。经过一段时间的尝试，跳蚤每次跳的高度都不再到瓶盖。后来，即使实验人员把瓶盖拿走了，跳蚤跳的高度也不再到瓶盖处。

马戏团训练大象的方法也很类似。他们在象很小的时候，便把它拴在一根很大很粗的木桩上，虽然小象十分好动，但是它摆脱不了大木桩。小象经过各种努力，发现自己还是没有办法摆脱木桩，于是也就放弃了努力。人们后来换了一根较小的木桩，小象经过努力，发现自己还是摆脱不了这根小木桩……再后来，当小象长成了大象，即使是一根很小的木桩也能拴住它。

其实，在工作、学习和生活中，我们的思维定式都在无形中影响着我们。所以，如果想有新发现和新突破，必须要战胜思维定式。

要成功必须积极正面思维

正面思考通常指的是，在遇到挑战或挫折时，人们会产生解决问题的企图心，并找出方法正面迎接挑战。但是，与此相反的是，负面思考就是一遇到挫折，人们就被负面情绪打败，进而责怪自己、怨天尤人。

古时候，有个举人进京赶考，在考试前的两三天做了三个梦，第一次梦见自己在墙上种菜，第二次梦见下雨天自己戴着斗笠还打着伞，第三次梦见自己跟梦中情人擦肩而过。

这个举人很迷信，觉得这三个梦很有深意，就赶紧找了个卜卦的先生给他解梦。卜卦先生听了，双手拍着腿就说："年轻人，我看你还是别进京了！你好好想想吧，你第一个梦，在高墙上种菜，这不是说你白费力气吗？第二个梦，戴着斗笠还打雨伞，是告诉你用得着这么多此一举吗？第三个梦，跟自己的梦中情人擦肩而过，这不是说没缘分、没戏吗？"

这个举人听了，顿时异常失望，觉得上天没给他考上的机会，那自己还去凑什么热闹，就回到自己住的旅店收拾行李，准备起程回

家。店小二见了很是惊讶，问他："客官不是明天就要考试了吗，怎么今天又要回家了呢?"

举人就把那位卜卦先生给他解梦的事一五一十地告诉了店小二，店小二听后不禁哈哈大笑起来："嘿，解梦这活儿我也会，听听我是怎么给你解这些梦的吧。你想啊，墙上种菜这就是说你高种（中）啊！戴着斗笠就是说你准备充足，有先见之明啊！和梦中情人擦肩而过，就是告诉你，只要你转过身就能和她相遇的啊！多好的梦啊，怎么还能不去考试呢?"

举人听了，觉得店小二的话挺有道理。于是他振作起精神，树立信心。在第二天的考场上，他冷静思考，沉着应战，自己的答卷文采飞扬，颇具说服力。果然，他金榜题名，实现了自己的梦想。

故事到这里就结束了，也许这位举人金榜题名后，深得皇上喜爱，从此平步青云，官职显赫。也许他之后不幸卷入官场势力的夺权阴谋中，受到牵连被贬回乡。但是这些对我们来说已经不重要了，重要的是从这个故事中我们要明白这样一个道理：你有怎样的想法就会有怎样的人生，能够正面思考并且拥有积极心态者处处能找到成功的力量。

人的一切行动都是大脑里的思想在指挥，所以做事不光用双手做，还要用大脑思考。

我们应培养自己思考的能力。只有做到正确思考，才能制订出适合自己的计划和目标，才能取得成就。每个人都有大脑，你可以用自己的大脑控制自己的想法。然而，思考的方式也有正确与错误之分，如果思考过于偏激或者是消极，那么取得好的结果是不可能的，相反，你离成功就只有一步之遥。

培养正面思考的能力，要做到以下几点。

1. 我信我能我会

无论你面对什么样的困难和挑战，一定要给自己做积极的心理暗示，相信自己一定能行。

2. 你就是自己想象中的人

你的心态是积极还是消极，这对你的思想有着决定性作用。你可以随时调整自己的心态，经常保持饱满的信心、积极的态度，将那些消极的情绪统统赶出自己的生活，你的世界就会永远充满着阳光。

如果你误解别人，就要先从自己身上查找原因。想想究竟错在哪里？是自己说话时用词不当，误伤了对方，还是自己没把话表述清楚，引起了对方的误会？如果存在这些方面的问题，那么在以后的交际中要吸取教训，争取做到自己的语言表达滴水不漏。如果你正在进行推理，那么你要保证这个推理的所有前提条件都是万无一失的。仅仅、总是、每个、不能、不可能等，这些限制性的词语，你是不能把它们作为推理前提的，除非你确认了它们是正确的。

3. 不要放过细小的幸福

美国前总统林肯曾经说过这么一句话："当一个人有信心获得某种幸福的时候，那么他就能得到这种幸福。"人和人之间原本只有一点点的差异，而正是你的消极心态使这种小差异渐渐发展成了大差异。要让自己幸福，就要想办法让别人幸福，这是让自己获得幸福的最好办法。当你去想办法寻找幸福的时候，你却发现它就躲在你身边的某个角落，可你就是抓不住它。当你想办法使别人幸福时，你会发现幸福会不知不觉间来到你的身边。天下无难事，只要肯攀登。你努力了，创造幸福的方法就会被你掌握，就会为你效劳。

生活中，内心孤独的人要有勇气去做一些善事，这样可以减少他们的孤独感，从而使自己活得更充实。他们要是敞开心扉，善于和别人分享自己的喜怒哀乐，别人在帮他们分析的同时，他们也能从别人的身上学到正确认识和处理事情的方法，同时也能很容易地找到克服孤独的答案。

4. 要正确估量你的资产

现实生活中，任何人都会遇到这样那样的困难，这些困难要是没能及时解决，日积月累，它们就成为你工作、生活中的拦路虎，时时刻刻困扰

着你，甚至将你压得喘不过气来。所以，你要学会分析问题，并及时解决问题。

要时刻保持清醒的头脑，以正确的态度重新评估自己所拥有的资产。这样做，你也许会有新的发现，也许会对眼前的事实有更透彻的认识，同时，也能找到解决问题的突破口，发现实际情况并不像你想象的那样糟糕。

换个角度去思考问题

当我们遇到障碍，经过努力仍然没有进展的时候，就要想想是不是可以从其他角度来解决这一问题。换个角度去思考问题，往往能将你带到一个柳暗花明的新境界。

生活不可能一帆风顺，在面对种种难题时，不能只是盲目地执着，也不能只从问题的直观角度去思考，要不断挖掘自己的潜力，从不同的角度寻找解决问题的办法，这样往往就会使问题出现新的转机。下面的这个故事就阐释了这个道理。

安易末是一家大公司的高级主管，他面临一个两难的境地。一方面，他非常喜欢自己的工作，也很喜欢工作带来的丰厚薪水——他的职位使他的薪水只增不减。但是，另一方面，他非常讨厌他的上司，经过多年的忍受，他发觉自己对于上司已经到了忍无可忍的地步。在经过慎重思考之后，他决定去猎头公司重新谋求一个别的高级主管的职位。猎头公司告诉他，以他的条件，再找一个类似的职位并不费劲。

回到家中之后，他把这一切告诉了他的妻子。他的妻子是一位教师，那天刚刚教学生如何重新界定问题。把正在面对的问题完全颠倒过来看——不仅要跟你以往看问题的角度不同，也要和其他人看这问题的角度不同。她把上课的内容讲给了丈夫听，安易末听了妻子的话后，一个大胆的主意在他脑中形成了。

次日，他又来到猎头公司，这次他是请猎头公司为他的上司安排工作。时隔不久，安易末的上司接到了猎头公司打来的电话，请他去某个公司高就。尽管他对这一切究竟是怎么回事一无所知，但是，恰好这位上司对于自己目前的工作也感到厌倦了，因而没有考虑多久，他便接受了这份新工作。这件事最微妙的地方，就在于上司真的接受了猎头推荐的工作，结果他之前的位置便空出来了，安易末则顺利申请到且坐上了这个位置。

在这个故事中，安易末本意是想替自己找份新工作，以躲开令自己讨厌的上司。但他的妻子让他懂得了如何从不同的角度考虑问题，结果，他不仅仍然干着自己喜欢的工作，而且摆脱了令自己无法忍受的上司，还得到了意外的升迁。

俗话说："穷则变，变则通。"当某条路走不通时，不要再一味"坚持"，而要变换思路，换个角度去思考。这个世界上，没有什么东西是永远静止不前的，我们的思维要学会创新，才能跟上时代的步伐。

新思维做事法：规划做事 8 步骤

用脑做事者，在接受他人（或上级主管或同事或其他人）布置的任务后，首先要用脑思考：如何快速把事情做好。要把事情做好就得讲究方式方法，就得思考做事步骤——先做什么后做什么，哪些步骤可以简化，哪些步骤可以合并，避免不必要的重复，减少不必要的无用功。用脑做事者追求的不仅仅是在规定时间里把事"做完了"，更重要的是把事情"做好了"，此时有种"圆满完成"的感觉。

下面介绍一些思考的常用步骤。

1. 演绎

演绎是指从普遍性的原理出发，去认识个别、特殊现象的一种逻辑思

考方法。

演绎的基本形式：三段论式，即大前提、小前提、结论。

2. 假设

假设是指根据已有的知识、经验、事实等，对问题产生的原因或事物发展变化规律所做出的推测。

3. 列举

列举是指把事件发生的各种可能性或要解决问题的特性逐条列出，再根据列出的所有项目进行分析、讨论，最终得出想要的答案。

这种策略不仅能帮助我们快速找全答案，而且可以使我们更容易发现事物或问题内部隐藏的规律。

使用列举法的注意事项：

（1）完整全面。要求不遗漏、不重复地列举出符合要求的所有事项。

（2）有序进行。有序列举，有条理、有逻辑，尽量避免重复或遗漏。

（3）分类进行。列举时，可以先根据事件或问题的性质对可能的答案进行分类，然后再按类别分别列举，从而得到全面的答案。

（4）表格列举。在实际解决问题的过程中，多采用表格列举法进行列举。

（5）思考解决方案。在将全部事项列举出来之后，对所有事项进行深入分析，思考问题的解决方案。

4. 推理

推理是指由已知的判断或事实，推断出未知结论的思维过程。其作用是通过已知的观念等获取未知的信息。

（1）演绎推理：由普遍性的前提（即众所周知的一般性原理或常识等）推出特殊性结论。

（2）归纳推理：由特殊的前提（即某个具体事实或其他具体事项）推断出普遍性结论的推理方法。

（3）类比推理：是指从一个事物的已知属性推出另一个事物也可能具有这种属性，即将两种事物进行类比。

5. 排除

排除，即将非关键性问题因素或议题等排除掉，以集中时间或精力分析关键因素或关键议题。使用漏斗法对某些非关键性事项进行排除，不仅有利于节省思考时间，还可以更有效地利用现有资源。

6. 分析

分析是指对问题解决策略的可行性进行分析，即考察所有对策中哪些可以或容易实行，是否有成效，成效有多高。

人们可以采用可行性分析矩阵对所有对策进行分析。可行性分析矩阵是由行和列构成的格子状图形，纵横轴各代表一个要素，只要把想出的各项问题的解决策略放在相应的位置上，它们各自的关系及可行性便一目了然。

7. 归纳

归纳是指由一系列具体的因素、事实等概括出具有一般性的原理，即由个别、特殊现象概括出一般性原则或结论的思考方法。归纳由两部分构成，具体如下。

（1）前提：指个别事实或特殊事项。

（2）结论：在前提的基础上，通过推理得出的猜想、推断。

8. 联想

联想，即举一反三，指从一个事物或事情推及到其他事物或事情，能够由此及彼，从而扩展自我思维，获取更多知识经验。

联想一般可分为三种类型。

（1）相似联想：指根据事物之间的相似性进行联想，这种相似性通常包括形态、动作、情绪、精神等方面。

（2）相关联想：指根据一个事物与其他事物具有某种相关性进行联想，相关性的范围较广。

（3）相反联想：指将特征、性质等方面都截然相反的两种事物连接在一起的联想。

联想的注意事项：

联想不等同于想象，它不是毫无依据、凭空捏造的，而是依靠人的头脑中所积累的大量信息形成的。

个人头脑中的信息量越大，联想的面越广，联想的问题越深。当一个人遇到一时难以解决的疑问时，可以带着问题去联想。遇到相似的经验或事件，便可以通过联想找到问题的答案。在日常生活中，应该多观察多思考，寻找事物之间的关联或相似性，以便在关键时刻做出恰当的联想。

改善基本思维的 6 种方法

事实上，真正的思维是一种协调的活动，心智在这一过程中起主导的作用。思维可以创造出最美好的精神世界，塑造完善健康的人格；思维世界在自我改善的过程中产生出智慧和能量；思考是一种高贵的艺术，我们每个人都需要学习这门艺术。

人们常说，天才和愚蠢仅一步之距。这一步之距的主要原因与其说智力不同，倒不如说是思维方式不同。以正确的方法进行思维，即使智力平平，有时也可以不失时机地做出天才的决断。

英国剑桥大学心理学家、医科研究教授爱德华·迪·波诺提出了改进思维能力的简易方法。目前，他的这套思维体系已经被教育部门作为必修课纳入教学计划中。下面就是他总结的改善基本思维能力的 6 种方法。

1. 剔除成见法

这是优化思维中很关键的第一步。它告诉我们，不要戴着有色眼镜去观察事物。

当一个新事物进入人们的视野，人们一般会出现两种反应：喜欢或者讨厌。之后，对该事物或问题加以自己感性的认识。这样做的后果往往会使人陷入某种困境而无法摆脱。为了使这样的情况避免发生，一个非常有效的方法就是消除你的成见。迪·波诺在解释这个问题时曾举了这样一个例子。

假设我们大家现在都在讨论公共汽车的设计问题，有人建议把车厢里的座位全部去掉。此刻你会作何感想？为什么有这些感想？

想象一下这样设计有哪些优缺点，权且当作到会人员所发表的不同见解。用3分钟的时间把这些优缺点写下来。

写完之后，也许你会对你所写的大吃一惊，这种设计的优点竟与缺点数量相当，诸如造价低廉、容易修理等；而且，使乘客舒适这样一个非常重要的条件也许还会被你忽视。

这种剔除成见法的目的，是使你能够客观地认识世界，不要受头脑中的定式所左右。

2. 面面俱到法

这种思考方法告诉我们，要确切地看清楚你所考虑的任何细节，不要有所遗漏，也不要有所忽视。任何细节的遗漏和忽视，都会影响你做决定的质量。

如果你要买一所新房子，就要将与房子有关的问题都尽可能地考虑周全。当然，那些很明显的问题会首先引起你的注意。比如，房间的大小、房价的高低、房子的装修等。而那些看起来并不明显的问题也不能忽略。比如，电视机的接收效果、邻居的生活习惯、寒冷季节煤气管道是否会由于寒冷而影响使用等。

有一对夫妇看中了一幢房子，他们认为那幢房子夏天的景色很别致。但是一个朋友问他们：“冬天，叶落花凋以后，其景色将会如何?”他们就不知道如何回答，实际上，那幢房子的冬景是不堪入目的。

3. 先见之明法

恰当地运用前两种方法把各种问题和可能的因素揭示出来以后，如能具有先见之明，可使你得到最佳选择。

我们对自己将来的预见，从时间上划分，大体分为四个阶段，即眼前、短期（1~5年）、中期（5~20年）和长期（20年以上）。

把这种思维方式应用到日常生活中去，还可以使你在处理问题的时候有一个正确的抉择。

多年前，年近中年的杰克时常和一位年轻姑娘来往，当时他说是并无他意，只不过逢场作戏罢了。朋友们曾告诫他，这样下去他可能爱上那个姑娘——可能会导致夫妻痛苦的离异——可能会导致包括子女在内的众叛亲离——可能20年后，新妻会不甘心与老朽为伴，还要出现再度的离异……但是遗憾的是，他当时没有能够接受朋友们的忠告。但他们当时给他描绘的那些可怕的情景，后来都一一地变成了不幸的现实。

4. 明确目的法

这种思维方法要求我们，在做事的时候一定要把所做事情的目的铭记于心。

如果行为的目的明确得法，可以使我们把注意力集中到如何解决问题上，这样会很快找到解决问题的方法。

有一个老奶奶在打毛衣的时候，她的小孙子因为刚刚学走路，在她身边走来走去，将她的毛线弄得一团乱，她无法再工作下去。于是，这个老奶奶就把她的小孙子放到栅栏里面去了。然而，这个孩子在栅栏里号啕大哭，她仍难以工作。这时她想到：我的目的是把我和这个孩子分开，而不是把孩子圈起来。既然如此，我何不自己进入这个栅栏里去，而把孩子放在栅栏外面呢？

于是她就这样做了，问题也得到了解决。

5. 主次分明法

这种思维方法的好处是可以帮助我们在事物的诸多因素中，选择出最重要的几个因素和最可能发生的情况。

例如，某人想向你借一点钱，你这时就一定要考虑一下他想借钱的所有因素，然后选择几个最重要的因素。可能最重要的因素是“他什么时候能还钱”，其次可能是“这个人是否可信”，如果是你的孩子向你借钱的话，可能你考虑的最重要的因素就是“他要钱干什么”。

现实生活中不难发现，许多人在考虑问题的时候，往往分不清主次，只凭一般的感觉。殊不知，一般的感觉不能代替经过深思熟虑而做出的决定。

6. 思想解放法

很多时候我们都有这样的困惑，就是在解决某个问题的时候感觉已经绞尽脑汁了，但仍找不出解决的方法。这种思维方法的好处是可以告诉你如何开拓你的思路，使你进入一个柳暗花明的境界。

发明大王爱迪生在发明电灯泡的时候，仅做灯丝这样一项内容，就试用了不下数千种材料，包括砍木、钓鱼线、沥青和碳化纸片等，经过种种尝试最后才找到了金属钨。

在日常生活中，要学会“狂想”。要想到所有可能的情况，即使被认为不着边际，乃至荒诞不经，也不妨试一试。最优的抉择往往产生于各种可能因素的展示之后。

挑战自我， 超强思维训练方法

在思维训练中，简单的问题不是用来解决的，训练的目的也不是寻找到答案，而是要使思维模式由简单向复杂转化，即培养多角度、多层次、多方式观察问题、分析问题、解决问题的思维习惯。复杂的思维模式训练是为了使我们的头脑在遇到复杂问题时能快捷有效地处理，从司空见惯中发现规律，思维能力达到这种水平才算是拥有了一流敏锐的头脑。

1. 图形发散训练

图形发散是指以图为思维对象的思维发散。

图形发散的训练可以有很多种。

（1）基本元素发散。以某一图形为基本单元，进行不同的变化和组合，形成新的图案。如以六角形的不同排列组合，构成各种图案。

（2）组合设计发散。如以三角形、圆形和正方形三个图形进行组合，并注明组合图形的名称。

（3）图像构成发散。在这个图形上加上几条线使它成为有确定意义的图像。

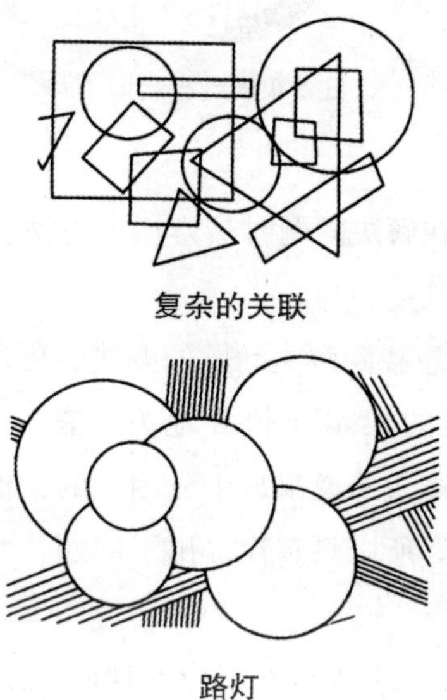

复杂的关联

路灯

这种视觉图形的发散能力在广告设计、产品设计上是大有用武之地的。

古代中国创造出各种涡旋，它是永恒生命力的象征。鸟被认为是太阳的使者，以鸟为主题的涡旋鼓翼生风，栩栩如生。两条鱼追逐的形态作为多产的象征描绘在古代的陶器上。至于太极图则是一种文化的凝聚。

恰似照应这种涡旋，在日本，“巴”形涡旋应运而生。“巴纹”被设计成多姿多彩的徽章。巴纹简洁的涡旋重叠起伏，融会万物，如生命降临人间。

让我们来设计一些双涡旋，既可作为用具上的装饰，又可作为园林设计的图案。正如图例所显示的，仅是巴纹简洁的双涡旋形态就可以千变万化，更何况我们还可以借鉴世间万物的形态。

让我们的设计打着涡旋，绞入天地自然令人目眩的万千现象，卷入草木虫鱼的形态以及工具、文字等。我们要调动我们的情绪，激活我们的想象力，想法越多越好，越独特越好，画面越生动、越抽象、越精致越好。

日本双涡旋巴纹图

2. 理性思维训练

理性思维法是人们在解决问题时最常用的方法，它的运用步骤是最直接的思考法。

（1）提出问题。要想找到解决问题的办法，可以通过提问来进行：你想知道什么？这个困难的根本在什么地方？表面背后真实的含义是什么？……或许这对于很多人来说都是十分困难的，他们知道其中有问题存在，但苦于提不出问题。所以只有你提出了问题，才能找到解决问题的办法，否则什么都没用。

多提几个“为什么”通常有助于你发现问题的本质。用“什么”和“怎么会”来表达也是很有帮助的。

（2）分析情况。一旦你找出这个问题后，就要从所处环境中发现尽可能多的线索。

在寻找方法和答案的过程中，不能仅仅局限于找到的一部分具体材料，而应该想办法找到更多的切合实际的材料，只有这样，才能对问题进行全面的分析，从而对最好的方法做出判断。

分析情况的过程中，一些有帮助的基本问题是：

①在什么地方能找到解决这个问题的信息资料？

②有谁能帮助我解答这个问题？

③在解答这个问题的过程中已经做了哪些工作？

④这些资料对我们有哪些帮助？

⑤现在我有了哪些能帮助我解答这个问题的有关资料？

对于一些问题，一般人都会有许多意见。但这些意见多半都是没有价值的。在没有价值的意见之中，有许多还可能是危险的或是具有破坏性的（尤其当他们和个人进取心发生联系的时候）。

因此，你只能接受那些以事实、正确的假说为基础所提出的意见。报纸、闲聊和谣言，都不是得知事实的可靠媒介，因为它们所传达的消息经常会出现变化，而且也没有经过严格的查证。

曾经流传着这样一个谣言：

在百事可乐的罐子里，发现皮下注射器的注射针，当时在美国有二十几个州都有这样的报道。基于此一“事实”，百事可乐的股价一下子严重下跌，很多投资人都以赔本的价钱抛售百事可乐股票。

但是如果你静下心来思考这个问题，就会不相信这个“事实”。而且会继续买进该公司的股票。最后联邦药物管理局和联邦调查局宣布这些报道完全是恶作剧，就是最好的证明。

那么，在这个事件中谁才是真正的获益者？是那些因为恐慌而赔本卖出股票的人，还是那些经过正确思考后低价买进股票的人？回答当然是后者。

因此，作为一个善于思考的人，你必须仔细调查你所得到的每一项资料，你必须了解你所得到的资料如何被抹黑、修改或夸大，其中总会有一些事实存在。

你应对你所得到的资料做一些测验，例如，当你读一本书时，你应提出如下的问题：

①作者对这本书的主题是否具有公认的权威？

②作者除了传达正确的资讯之外，是否还具备其他写这本书的动机？什么样的动机？

③作者与本书主题是否有利害关系？

④作者是否具有健全判断力或只是个狂热者？

⑤是否有办法调查作者的言论是否属实？

⑥作者的言论是否和常识以及经验相符？

当听到别人在发表言论，但你又无法断定是否应该接受他的言论的时候，你唯一应该做的就是找到他发表此言论的目的。只有这样，你才能做出正确的判断，否则就无法控制自己的思想，从而做出错误的判断和选择。

无论谁企图影响你，你都必须充分发挥你的判断力并小心谨慎。如果言论显得不合理，或者与你的经验不符，就应该进一步调查。

如果你想向别人请教他们对事情的看法时，千万不要先把自己的看法告诉他人，否则不仅会影响他人的判断，还会使他人为了配合你的想法而改变自己的言论。例如不要问“你排斥凤姐的行为吗?”而应该问“你对凤姐的行为有什么看法?”只有这样，我们才能真正了解别人的想法。

（3）找出可行的解决办法。当你发现问题的所在之后，就会分析问题，最终找到解决问题的办法。在这个过程中，你应该有自己的判断，而不能被问题的表面所蒙骗。

在找出或者是选择解决办法的过程中是需要人充分发挥自己的主观能动性的。当然，在这个过程中不排除有很多特别简单的解决办法，但不能对此就感到满足，而应该尽量多找出几种方法。如果实在拿不定主意的话，可以寻求他人的意见。但是，不要采用那些还没有在你这种情况下检验过的解决方法。

（4）检验和证明。很多人在做出决策、找到解决问题的办法之后就不再行动了，其实这是很不全面的，不带有科学性。

在找到解决问题的办法之后，你还应该通过实践进行检验和证明，看看自己的办法是否对症下药，如果效果不佳，应该时常问自己“为什么”“怎么办”，找出原因并加以改正。

3. 试错思维训练

试错法，也就是猜想——反驳方法。这是在科学领域应用较多的一种方法，也是人类认识和思维的方法之一。

（1）猜测。没有猜测，就不会发现错误，也就不会有反驳和更正。猜测在一定意义上就是怀疑，这种怀疑不是为了怀疑而怀疑，而是为了发现问题、更正问题，是科学的审慎的态度。我们的认识一方面来自观察、实践，另一方面来自大脑中已有的知识储存。然而，大脑中的知识储存并不是原封不动地被吸引、利用，而只能是有选择地、批判地被吸引、利用。

这就需要猜测、怀疑，对以往知识进行修正，修正过的知识方可融进新的认识、理论之中。

猜测之所以被运用，还在于我们对事物的认识，虽然已掌握了部分事实材料，但还是不能清晰地、完整地把握事物。此时，我们不能等到事物的本质全部自动呈现之时，而是要积极地创造条件，使之尽快暴露出来，并积极地进行猜测、审查，以期从已有事实中发现新东西。

猜测离不开直觉和想象。从这方面讲，猜测同创造性思维紧密相连，可归入创造性思维之列。但是，猜测不是胡乱地想象，随意地编造。它除了要尊重已有的事实外，还须符合：

①简单性要求，即经猜测而得的设想必须简单明了，必须让人一看就明白新设想“新”在何处，它与旧认识的关联何在等。

②可以独立地检验性要求，即新设想除了可以解释预定要解释的东西之外，它还必须具有一些可以接受检验的新推论。否则，它仍然停留在原有认识水平上。

例如，我们在写一份分析报告时，先陈述已有的某方面成就及其不足，提出自己的新主张，然后必须从自己的新主张中推论出几种建设性意见或几条重要结论。这是写报告的基本要求。

③尽可能获得成功和较长久地不被替代、推翻。之所以猜测、怀疑原有认识，就是为了确立新认识和理论。如果新理论不追求成功、长时间有效，猜测就毫无必要了。

上述三个要求符合试错法的基本精神。

（2）反驳。没有反驳，猜测就是一厢情愿且可能是错误重重的设想。反驳就是批判，就是在初步结论中寻找毛病、发现错误，通过检验确定错误，最后排除错误的思维过程。排除错误是试错法的目的，也是它的本质。因为不能排除错误，认识就不能得到提高，就不可能从错误丛生中走出来。所以，人类高明于动物的原因之一就是能够排除错误，以免干扰新的认识。而动物能够发现错误，但不能排除，从而导致它以后的重犯，并最终导致灭亡。通过批判和排除错误，反驳也就可以确保理论的错误减少或不增加，确保理论的被接受和运用。

从中我们可以认识到，反驳并不是一味地否认，对于对方来说可以从错误中学习。在现实生活中，人人都会犯错。人只有在犯错后才能逐步走向成熟，最终取得成功。从一定程度上来说，错误是一个人进步的动力，如果没有错误，一个人不可能取得很大的进步，而整个国家的科学也不能取得较快的发展。在一个国家中，所有方针、政策都是在总结经验的基础上制定的，一个家庭、一个人也是如此。所以，我们应该正视错误，犯错误并不可怕，只要能够从中吸取经验教训，此后加以改正就行。

在日常生活中，我们还经常使用试错法。而试错法是猜测与反驳的结合。在某些方面，这种方法与假设—演绎法相似，但很多方面也存在着不同之处。假说方法一般是先根据事实，确立一个假说，然后寻求支持它的证据。而试错法正好相反，对于已经有的认识的试错，试错法不是找正面论据支持它，而是寻求推翻它、驳倒它的例子。在找到这些反例之后就排除它，只有这样，才能使认识更加精确、科学。因此，在某种程度上，这两种方法有着对立的方向，但有着相同的动机和目的。它们的目的都是为了证实某一理论是正确的，并且它的存在是有科学性的。所以，在现实生活中一定要根据实际情况选择相应的方法，只有这样，我们才能采取更合适的行动，最终走向成功。

测一测　你有逆向思维能力吗

逆向思维法是指为实现某一创新或解决某一因常规思路难以解决的问题，而采取逆向思维寻求解决问题的一种思维方法。

请对下列各题作出最适合你的选择。

1. 在做几何证明题时，你喜欢使用反证法吗？（　　）

A. 是　　B. 说不准　　C. 不

2. 有时你将问题倒过来考虑吗？（　　）

A. 是　　B. 说不准　　C. 不

3. 你喜欢反驳别人的观点吗？（　　）

A. 是　　B. 说不准　　C. 不

4. 你的反驳意见能被别人接受吗？（　　）

A. 是　　B. 说不准　　C. 不

5. 在写作文时，你尝试过倒叙写法吗？（　　）

A. 多次　　B. 有几次　　C. 没有

6. 与人争论过后，你会从对方角度想一下是非曲直吗？（　　）

A. 是　　B. 说不准　　C. 不

7. 你有时会提出与正在讨论的问题相反的一个问题吗？（　　）

A. 是　　B. 说不准　　C. 不

8. 看小说时，你曾直接翻到书尾看看结局如何，然后再决定是否仔细阅读整本书吗？（　　）

A. 是　　B. 说不准　　C. 不

9. 当你受挫时，你能意识到它给你带来的帮助吗？（　　）

A. 能　　B. 说不准　　C. 没

10. 在解数学题时，你常常使用逆推法（即从结果推演到条件）吗？（　　）

A. 是　　B. 说不准　　C. 不

11. 你了解守恒原理吗？（　　）

A. 是　　B. 说不准　　C. 不

12. 你的思维灵活吗？（　　）

A. 是　　B. 说不准　　C. 不

13. 你了解辩证法基本原理吗？（　　）

A. 是　　B. 说不准　　C. 不

14. 你理解并赞同坏事可以变成好事的说法吗？（　　）

A. 完全理解和赞同　　B. 有些理解　　C. 不理解或不赞同

15. 你了解数理统计学中假设检验的理论和方法吗？（　　）

A. 是　　B. 说不准　　C. 不

下面请你准备好纸和笔，把一个钟表放在面前，然后开始完成以下一些问题。记下各题答题时间（过了10分钟仍没有找到正确答案视为没有答出并开始做下一题），看看你的答题情况符合A、B、C、D四种选择中的哪一种。

16. 我们知道煮熟的鸡蛋可以直立在桌上。请你想一个办法，让煮熟的鸡蛋直立在桌上。注意，不允许借助于其他工具或物品。（　　）

A. 1分钟内完成　　B. 1～5分钟内完成

C. 5～10分钟内完成　　D. 10分钟内没有完成

17. 瓶塞已深陷瓶口，无法用手取出。请问在不打破瓶子的前提下，你有办法让瓶中的液体流出来吗？注意，不允许借助于其他工具或物品。（　　）

A. 1分钟内完成　　B. 1～5分钟内完成

C. 5～10分钟内完成　　D. 10分钟内没有完成

18. 一只乒乓球掉入被固定于水泥地面的一根直立的铁管（铁管长15厘米）中，铁管的孔径比乒乓球的直径大1厘米。在不破坏地面及铁管的前提下，你如何让乒乓球从管中出来？（　　）

A. 10分钟内找到5种以上办法　　B. 10分钟内找到2～5种方法

C. 10分钟内找到1种办法　　D. 10分钟内没有找到办法

19. 在沙漠中，为了得到丰厚的奖金，两位摩托车手正在进行一项奇怪的比赛：最迟到达沙漠另一处摩托车手获胜。为了取得胜利，在出发后，他们都不动，结果越来越渴。你能帮助他们想个办法，既能尽快到达目的地，又不会因此输掉这场比赛吗？（　　）

A. 1分钟内完成　　B. 1～5分钟内完成

C. 5～10分钟内完成　　D. 10分钟内没有完成

20. 一位老师与两个学生做游戏："这里有3支笔，其中2支是蓝色的、1支是黑色的。现在我们每人1支。请你们两个根据自己手上笔的颜色，猜出对方所拿笔的颜色。"这两个学生拿到笔以后，起先都愣了一下，好像都猜不出来。突然，两个学生都喊了起来："我猜着了。"你知道他们

是如何猜出来的吗？（　　）

A. 1 分钟内完成　　B. 1～5 分钟内完成

C. 5～10 分钟内完成　　D. 10 分钟内没有完成

计分方式：

1～15 题中，选择 A 计 2 分，选择 B 计 1 分，选择 C 计 0 分。16～20 题中，选择 A 计 6 分，选择 B 计 4 分，选择 C 计 2 分，选择 D 计 0 分。各题得分相加，统计总分。

第 16 题：从结果开始，设想鸡蛋已直立于桌上。由于不允许使用黏合剂，鸡蛋的一端必须有一定面积与桌子接触才能稳稳地立住。结论是打碎鸡蛋的一端。

第 17 题：瓶塞无法取出，但可以推入瓶中。

第 18 题：考虑结局。由于铁管是固定的，所以事情的结局只有一种：乒乓球从管中出来。此题对工具和乒乓球是否损坏没有限制，故有多种办法：①将长长的细管伸入铁管底部吹气，吹出乒乓球；②向铁管中充水或其他液体使乒乓球浮起；③用细铁丝勾出乒乓球；④在筷子一端涂上黏合剂，伸入铁管粘出乒乓球；⑤有节奏地敲打铁管，震出乒乓球；⑥将沙土缓缓灌入铁管，使乒乓球被顶起；⑦用尖锐的细棒戳入乒乓球，提起球……

第 19 题：考虑到结果仅以谁的车迟到，谁就获胜，故只要将两人的车互换，比赛谁快即可。

第 20 题：不从自己的笔开始推理，而从对方的表现开始推理。考虑到对方拿笔不能一下子猜出来，说明参考方拿的不是黑笔，否则对方早就猜出自己拿的是蓝笔了。

评测解析：

0～19 分：你的逆向思维能力不佳。

20～40 分：你的逆向思维能力一般。

41～60 分：你的逆向思维能力较好。你善于从相反方向考虑问题，找到解决问题的正确思路。

第七章

用好你的时间
——打造有规律的人生

时间是组成生命的材料，浪费时间就是对生命的亵渎。只有充分利用时间，避免时间的浪费，才是对生命的最大信仰，才能主宰生命！

珍视时间，时间才会回报你价值

时间抽象得不可名状，计量时间的“分”与“秒”你并不能抓到手中。时间却又很具象，当夕阳西下的时候，你总是感觉自己一事无成。

为了买到低于市价五角钱的鸡蛋，总有大批的消费者在超市里排长队购买，在他们的认知里没有时间的概念；有的人坐火车为了节省票钱，选择那些票价便宜、可是速度较慢的普快车到达目的地，他们宁愿忍受旅程的疲惫；有的人为了节省一元钱的公交汽车费，而选择步行抵达目的地，在他们看来也就是十几分钟甚至是几十分钟的事，没关系。

表面上看来以上几种人群是节省了一些钱，可殊不知有一句谚语完全可以概括这类族群，那就是“捡了芝麻丢了西瓜”。如果从投资学的角度来看，我们便会发现，相对于利用这些时间创造的价值，所谓“节省”下来的钱要远远低于前者的数字。

史蒂夫·乔布斯是手机界的巨擘，他将苹果品牌推向了成功的顶端。关于他，流传着这样一个故事。

某一天乔布斯参加一个商务饭局，席间一个名不见经传的小公司老板向乔布斯敬酒，说道：“能问您一个问题吗，乔布斯先生?”

乔布斯挑挑眉毛表示肯定，那位老板将一张面值一百美元的钞票放到地上，继而问道：“您瞧，现在在您面前的地上有一百美元，只要弯腰便可将其捡起来，据为己有。这么简单的动作，您会做吗?”

乔布斯马上给予这个老板否定的答案，那个老板瞠目结舌询问为什么，乔布斯回答：“诚如你说的那样，我弯腰捡起钞票，这是一个简单的动作，也许只需几秒钟，但是你知道吗，这几秒钟我创造出来的价值远远高于这一百美元，这就是我的理由。”

这是一个简单的故事，但是这个故事向我们传递了乔布斯对待时间的态度，无论我们从事什么、做什么，都应该用投资的理念来对待时间。投资得当，我们会得到时间的馈赠——让我们获得更多的时间，创造更多的效益。如果你吝于投资时间，那么时间也不会给你好的回报。

显然，诸如乔布斯等成功的商人，大都秉承“一寸光阴一寸金”的管理理念，不放过一分一秒，他们的时间观念特别强，绝不允许自己浪费每分每秒，一定要通过每时每刻的时间创造更多价值。

罗宾曾经这样对比富翁和穷人：“百万富翁和穷光蛋不是生来就有差异，在他们之间拥有共性的存在，那就是对于他们来说，一天都有 24 个小时，一天都有 1440 分钟。对待这些时间的不同态度，是造成贫富差异的关键因素。”

想要了解你的时间价值几何？很简单，你只要做好分析时间这一步。我们的时间像积木，吃饭的时间可能是三角形，工作的时间可能是正方形，娱乐的时间就好比是长方形……一种理念的组合方式可能会呈现一种感觉，换一种组合的方法就会有不一样的形状。只有最大效用地使用时间，时间才会有更大的价值。

时间的价值不仅仅体现在它创造出的金钱总量，那些被我们浪费、疏忽掉的时间才能创造更多价值！没有时间我们将一事无成，时间与我们如影随形，可以说时间是我们通往成功的最有利资源，但是这种资源是不可再生的，浪费了这一秒便损失了这一秒的价值。

当你耄耋之年时，也许会感慨为什么有些人成就很高，而你却碌碌无为。究其原因只有一个，那就是你轻视时间，用不正确的度量衡来计算时间。时间的价值都是你赋予给它的，只有珍视时间，时间才会回报你更多价值。

做时间的主人， 当生命的主宰

某公司的老板要赴海外公干，且要在一个国际性的商务会议上发表演说。他身边的几名要员都手忙脚乱，要把他赴洋公干所需要的各种文件都准备妥当。

在该老板赴洋的那天早晨，各部门的主管也来送行。老板看着其中一个睡眼惺忪、帮助他撰写英文文件和数据的主管说："你负责的那份文件等我到了以后再电传给我吧，反正现在也不急着用。"

谁知那位主管却从公文包里拿出了文件，说："我已经连夜写出来了，我怕您在飞机上要看。"

老板看着那位主管通红的眼睛和已经整理好的文件，什么也没有说，拍了拍那位主管的肩膀，让他回去好好休息。

没过多久，那位老板回来以后，就提升了这位主管，原因就在于他是一个与时间赛跑的人，能为公司创造更高的效益。

这位主管因为善于和时间赛跑，所以成了赢家，将自己的工作做到了位，也得到了老板的赏识。他就是一个主宰时间的范例。而那些浪费时间、对时间不重视的行为正是时间奴役你的标志。试想，如果将浪费的时间统计起来，将是一个惊人的数字。只有成为时间的主人，你才会扭转对时间的观念，将时间为自己所用。那么我们应该怎样当好时间的主人呢？只需要从三个方面着手，一是计算时间，二是分配时间，三是建立主观意识。

计算时间要求我们必须知道这一天我们可以支配多少时间，有多少时间我们可以自由支配。为每段时间做一个规划计算，这是管理时间的第一步。规划时间要求我们对时间进行统一的规划，对每小时、每分钟、每秒钟都必须有一个规划，这样的规划可以使我们做到心里有数。

分配时间是我们在规划时间之后，应根据时间的属性来分配不同的任

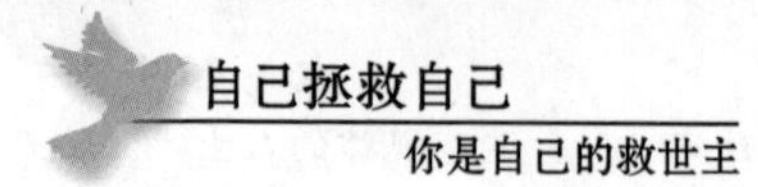

务。有的人上午效率高，那么就把重要的事安排在上午；有的人喜欢从下午开始工作，那么就把重要的事都安排在下午。需要注意的是有一个例外，那就是当遭遇紧急的事情时，你必须停下手中的工作，开始处理紧急的事务。

建立主观意识要求我们做到端正管理时间的态度，树立管理时间的观念，养成管理时间的习惯。我们必须时刻谨记：马上行动。

大多数人都有一个习惯，早晨闹钟响起后第一件事不是起床，而是关掉闹钟继续睡；明明半个钟头可以完成的事情，非要做一个小时；很多人接到工作之后的第一项并不是开始工作，而是要给自己缓冲时间，慢慢地进入到工作的状态。

这样的习惯很容易形成拖延，不利于时间管理，长此以往自然而然被时间所管理。起床闹钟响起的那一刻，就要告诉自己“现在必须起床”，不要因为时间还充裕就拖延起床时间，更不能因为习惯于“等候好情绪”，便花费很多时间以“进入状态”为借口而不起床。

时间是你的主人还是奴隶？被时间迷惑继而浪费它，还是利用时间主宰你的生命？相信答案你已了然于胸，改变生活和工作状态，从现在开始做时间的主人吧！

不要小瞧零星的剩余时间

沙粒虽小，但聚在一起可以堆积成塔；零散时间虽短，累积起来就是一笔宝贵的财富。在学习上、生活上，如果零散时间运用得当，效果也会不错。

据报载，我国著名的数学家苏步青教授在参加人大会议期间，每天利用晚上的零散时间，写完了他的专著《仿射微分几何》。他说：“我把整段的时间称为‘整匹布’，把点滴时间称为‘零星布’。做衣裳有整料固然好，没有整段时间，就尽量把零星时间用起来，天天两三分钟，加起来可观得很！”

“泰山不辞微尘，故能成其高；江河不让涓滴，故能就其深。”零星时间虽短，只要抓住它，一段一段地接起来，就能由短变长。有一位研究新闻学的教授，为了挤出时间广采博纳，把一部浩瀚的《全唐书》放在厕所里，数十年来，坚持利用每日上厕所的时间阅读，硬是熟读了其中所有的篇章。零星时间积累起来是很惊人的，如果我们每天花一个小时读10页有用的书，每年可读3600多页书，从16岁开始到70岁，就可以读20多万页的书。如果读书得法，这20多万页书就足以使你成为某一方面的专家了。

对零散时间的利用，要用之得当。从数量上讲，一定量的零散时间之和就是等量的大段时间。但是，由于工作的性质和内容不同，对于大段时间和零散时间的要求也是不一样的。例如，一门系统知识的学习，对大段时间要求较多，因为学习一种知识，有一个“入门、渐入、深入”的过程，零散时间是不易完成这一过程的。在这种情况下，一些零散时间的合并与积累，就不等于等量的大段时间。但有些学习内容却适合于零散时间，如记外语单词，连续背几小时的效果，还不如用分散在一天中的几个一二十分钟。可见，零时整用，也要用之得当，用之不当，就会得之不足。

零碎时间大致可分为两种类型，一种是不可预见的零碎时间，事前思想并无准备。如与某人约会时，由于对方临时出现意外情况，有事或因某种原因不能按时赴约，让你白白苦等了一段时间——15分钟或30分钟；又例如你排长队买东西时，也要消耗掉一段时间；到饭店进餐时，从点菜到菜上桌还要等上一段时间。

另外的一种类型是可以预见的零散时间，事先有思想准备，知道该需要多长时间。比如，常常乘坐火车或者飞机的人，在等候大厅等候的时间，这是可以预见的，当然更应当有效利用的则是在火车上、飞机上的时间，这也是可以预见的时间，还有开会前等待的那一段时间等。

如果每天你的零碎时间只有2小时，也不要轻易忽视它，2小时的业余时间有些人会认为不足挂齿，经常白白地消磨掉。但假若你每天利用这些时间进行学习的话，按 70 年计算，扣除学龄前 7 年，就是 45990 个小时，合 5748 个学习日，相当于比 15 年还多的学习时间。

即使你每天只抓紧一个小时的业余时间学习，那么一年也有 365 个小时，合计 45 个学习日，一个半月的时间。试想一下，在一年中你无形地增加了一个半月的纯时间，将会给你的事业带来多大的价值。

绝不能小瞧这些零星的剩余时间。而且，凡是有成就的人，都是能巧妙而有效地利用空闲和零碎时间的人。

高效做事 “三步走”

我们的人生就是一次旅行，没有回程，因为时间的单向性确定了人生的一次性。我们不可能回到过去，只可能在记忆中怀念过去，我们唯一能确认的东西便是现在，所以，做好现在的事、手头的事很重要。

然而，每一天，我们手头总是会有很多的事情要做。有大事，有小事；有令人愉快的事，也有令人心烦意乱的事。很多人只要面前有什么事，他就做什么事，结果浪费许多精力，空耗许多时间，弄得身心疲惫不说，一天下来没有任何收获。

像沙漏一次只能透过一粒沙子一样，我们一次也只能集中全力做好一件事情。那么，这么多事情，哪一件先做、哪一件后做呢？

答案是：重要的事先做。

将事情分出轻重缓急，这样才能在有效的时间内创造出更大的机智，才能使你的工作和生活游刃有余、事半功倍。

例如，如果你是学生，现在正在进行一次非常重要的数学考试。按照你的速度，这张考卷上的题你不一定都能做完。考卷上的题是这样的，前面都是选择题，每道题 5 分，难度系数是 60%。后面一部分是解答题，每道题 10 分，难度系数是 80%。现在，对你来说，要考好考试就得拿到尽量多的分数。你会怎么做？是该按卷子排列的顺序从头做到尾，还是按照分值，重新给题目排序，分数高的解答题先做呢？我想，你无疑会选择后

者。因为每做好一道解答题，你的考分就能高上10分，虽然它的难度系数要稍高那么一点。

我们的人生就像是一张考卷。虽然每一件事情做了都会得到“分数”，但有些事是“分数”比较高的，有些事“分数”则比较低。为了让一天的成绩达到“最高分”，我们必须要排列它们的“分值高低”（重要顺序），然后选择性地来完成它们。如果每一天、每一个月、每一年我们都能这样做，我们的人生将会——获得“最高分”。

一个再有能力的人，也不可能在同一时间里完成两件以上的事情。所以说，我们必须把事情分出轻重缓急，先做好手头重要的事，再来完成手头其他的事情。

第一步，要先了解自己一天的时间是怎么用掉的。这一步其实是时间管理的准备工作，是它的前提条件。如果不了解自己的时间是怎么用掉的，你又怎么来对时间和事件进行安排呢？

第二步，列出自己手头需要做的所有事情，然后排列它们的优先级。因为时间管理的错误基本上就是在不该花很多时间的事情上花了过多的时间。那样的话，明明你必须把手头的事情做好，但是由于时间的安排不合理，我们常常会敷衍了事，以致事不成事。而安排好它们的优先级之后，我们就能每时每刻集中精力处理要做的事，因为我们早已对这些事情胸有成竹。事情的优先级怎么安排呢？具体可以先问自己以下几个问题：

①这件事如果不做，会有什么样的后果？如果做不好，会有什么样的后果？

②这个问题的答案我们要从目标、需要、回报和满足感四个方面进行评估。

③这件事是不是必须由我亲自来做？可否交给别人？那样做会产生什么差别？

问这个问题的目的是分清哪些我们不必要做的事情，哪些可以由别人代劳的事情。

不过，很多时候我们经常会将“紧急的事”误认为是“重要的事”。

紧急意味着这件事需要我们立即给予注意，它们一般都是明显易见的，会给我们造成压力，逼迫我们马上采取行动。这样的事情不见得都是坏事，有时候也会是令人愉快、很有意思或容易完成的。但是，如果听任自己让“紧急”的事情左右，我们的生活就会充满危机。而重要的事却能让我们更快地向着自己的目标、成就迈进。

第三步，为事件表上所有的事情预先估计一定的时间，这一步很重要。事件表上的所有事情都是你今天必须完成的，所以一定要合理地安排好时间。在估计时间的时候，要全面考虑事情的性质、难度和结果、截止日期等，综合评定出一个恰当的期限。这个期限切不可过于细化，要留出一些缓冲时间；但也切不可过于笼统，比如说上午、下午，那样的话，这个时间管理就等于没做。

此外，我们还要考虑，如果时间真的来不及，比如出现了突发事件（失火、车祸等），有哪些事情可以留到明天而不会有太大的影响。

有些事情未必在事件表上就有所体现，比如，给朋友打个电话、陪家人一起吃饭或逛街等。像这类人际交往方面的事，我们或许不会写在纸上。但是，良好的人际关系是成功的重要元素之一，所以必须要留出一定的时间作为自由时间，用来与亲朋好友联络感情。

规划好今天的时间流

要想把握好未来，就要从规划每一天开始。

1. 7：30 起床

英国威斯敏斯特大学的相关学者通过研究指出，人如果早上 5：22—7：21 起床，其血液中有一种导致心脏病的物质含量会增高，所以，在 7：21 之后起床更有利于身体健康。起床后，打开台灯。“一醒来，就将灯打开，这样将重新调整体内的生物钟，调整睡眠和醒来模式。”拉夫堡大学睡眠研究中心教授吉姆·霍恩说。喝一杯水。水是身体内成千上万化学反应得以进行的必需物质。早上喝一杯清水，可以补充晚上的缺水状态。

2. 7：30—8：00 洗漱时间

“要在早饭之前完成洗漱，这样能够避免牙齿受到腐蚀，因为刷牙后，在牙齿外面会有一层含氟的保护层。如果这个不可行的话，就在早饭之后半小时刷牙。”英国牙齿协会健康和安全研究人员戈登·沃特金斯说。

3. 8：00—8：30 吃早饭

“早饭必须吃，因为它可以帮助你维持血糖水平的稳定。”伦敦大学国王学院营养师凯文·威尔伦说。早饭可以吃燕麦粥等，这类食物具有较低的血糖指数。

4. 8：30—9：00 避免运动

来自布鲁奈尔大学的研究人员发现，在早晨进行锻炼的运动员更容易感染疾病，因为免疫系统在这个时间的功能最弱。步行上班。马萨诸塞州大学医学院的研究人员发现，每天走路的人，比那些久坐不运动的人患感冒的概率低25%。

5. 9：30 开始一天中最困难的工作

纽约睡眠中心的研究人员发现，大部分人在每天醒来的一两个小时内头脑最清醒。

6. 10：30 让眼睛离开屏幕休息一下

如果你使用电脑工作，那么每工作一小时，就让眼睛休息3分钟。

7. 11：00 吃点水果

这是一种解决身体血糖下降的好方法。吃一个橙子或一些红色水果，能同时补充体内的铁含量和维生素C含量。

8. 13：00 在面包上加一些豆类蔬菜

“你需要一顿可口的午餐，并且能够缓慢地释放能量。烘烤的豆类食品富含纤维素，番茄酱可以当作是蔬菜的一部分。”维伦博士说。

9. 14：30—15：30 午休时间

雅典的一所大学通过研究指出，每天中午午休30分钟或更长时间，每周至少午休3次的人，能够降低37%的心脏病死亡概率。

10. 16：00 喝杯酸奶

这样做可以稳定血糖水平。在每天三餐之间喝些酸牛奶，有利于心脏健康。

11. 17：00—19：00 锻炼身体

“根据体内的生物钟，这个时间是运动的最佳时间。”舍菲尔德大学运动学医生瑞沃·尼克说。

12. 19：30 晚餐要少吃

晚饭如果过量的话，血糖就会升高，给消化系统带来负担，进而影响睡眠。所以，晚饭要尽量以蔬菜为主，少吃富含卡路里和蛋白质的食物。

13. 21：45 看会儿电视

看电视有助于放松，帮助提高睡眠质量。但要提醒大家的是，尽量避免躺在床上看电视。

14. 23：00 洗个热水澡

“体温的适当降低有助于放松和睡眠。”拉夫堡大学睡眠研究中心吉姆·霍恩教授说。

15. 23：30 上床睡觉

假如你是早上 7：30 起床的话，现在就到睡觉时间了。

活动练习：　如何支配空闲时间

有时候你不需要自己来支配时间。学校里老师做安排，工作中老板给安排，其他时间呢，你似乎有一些必须要做的事情。你只有在空闲时，才有能力安排做些什么：是做一些能改善生活的事情，还是做一些让自己或别人的生活更糟糕的事情？这个活动就是告诉你，在空闲时让自己做些积极的事情。

目标：帮助人们认识到自己是怎样支配空闲时间的，以及怎样安排空闲时间来改进生活。强调选择的重要性。

适宜人群：需要改善对空闲时间的安排的人们。

成员数目：3 人以上。

材料：几种小活动、手表或时钟、一个问卷。

游戏介绍：给小组成员分配相等的时间（比如：6 个人一组，时间共 1 小时，那么每个人就是 10 分钟）。每个人决定自己的那部分时间做什么活动，这个组也必须要进行这个活动。活动选项也许不够用，有的人可能想唱歌，有的人可能想打牌，也有的人可能想做工艺品或想打篮球等。如果活动种类足够的话，这个小组就要一个接一个地做这些不同的活动。两个人也可以选择一样的活动，那样做起来相对简单些。

讨论提示：

做完活动后，让每个人都填写这张问卷，然后讨论答案。重点强调每个人从自己选择的活动中获得的感受和选择健康活动的重要性。

问卷：

1. 当你自己选择一个活动并参与时，你有什么感受？
2. 如果别人替你选择一个活动，你有什么感受？
3. 你有空时会做什么样的活动？
4. 你做的活动都是健康的吗？为什么是，或为什么不是？
5. 为什么在空闲时参加积极健康的活动很重要？

测一测　你的日常生活习惯是否科学

好的生活习惯可以为自己节省更多的时间，下面就测一测自己的生活习惯是否科学？

1. 你吃午饭有什么习惯？（　　）

A. 很快吃完　B. 特别慢地吃　C. 以平常速度吃完，然后休息

2. 平时有什么休闲方式？（　　）

A. 热衷于社交活动　B. 锻炼身体或参加文娱性活动　C. 做家务

3. 如何使用假期？（　　）

A. 喜欢一次性过完　B. 分两次，分别在冬季和夏季

C. 留着有需要时再用

4. 用多长时间回家？（ ）

A. 在半小时以内 B. 不超过一小时 C. 先在外面玩几个小时再回家

5. 如果有事须提前起床，你会怎么做？（ ）

A. 用闹钟定时 B. 让别人叫醒 C. 自然而然会早起

6. 早餐你习惯吃什么？（ ）

A. 馒头和粥 B. 面包和牛奶 C. 空腹

7. 近来有什么运动？（ ）

A. 到外面游玩 B. 干过体力活，参加过锻炼 C. 经常散步

8. 如果有人来拜访你，你会怎么做？（ ）

A. 殷勤款待，认为很值得 B. 纯属浪费 C. 相当反感

9. 一般几点睡觉？（ ）

A. 按时睡觉 B. 依心情而定 C. 当天的事都完成后

10. 怎样过暑假？（ ）

A. 待在家里休息 B. 干适当的体力活 C. 经常进行锻炼

11. 睡醒后做的第一件事是什么？（ ）

A. 马上做家务 B. 从容地晨练后再做家务

C. 喜欢赖床，尽量多躺一会儿

12. 工作中出现冲突，你会怎么做？（ ）

A. 辩论到底 B. 不管不顾 C. 鲜明地表达出观点

13. 怎样表现自尊心？（ ）

A. 只求结果，不问方式 B. 相信勤奋终会有成绩

C. 希望获得他人认可

14. 你每天到单位的时间固定吗？（ ）

A. 都在差不多时间到达 B. 误差在半小时内 C. 时间不定

15. 工作任务很多，但你还是边工作边闲聊吗？（ ）

A. 每天都这样 B. 偶尔为之 C. 几乎不会

16. 你的运动兴趣是什么？（ ）

A. 只看别人做，自己不参与 B. 选做操或打拳 C. 没兴趣

计分方式：

1 题，选 A 计 0 分，选 B 计 10 分，选 C 计 30 分；

2 题，选 A 计 10 分，选 B 计 20 分，选 C 计 30 分；

3 题，选 A 计 20 分，选 B 计 30 分，选 C 计 10 分；

4 题，选 A 计 30 分，选 B 计 10 分，选 C 计 0 分；

5 题，选 A 计 30 分，选 B 计 20 分，选 C 计 0 分；

6 题，选 A 计 20 分，选 B 计 30 分，选 C 计 0 分；

7 题，选 A、B 或 C 均计 30 分；

8、9 题，选 A 计 30 分，选 B 或 C 计 0 分；

10 题，选 A 计 0 分，选 B 计 20 分，选 C 计 30 分；

11 题，选 A 计 10 分，选 B 计 30 分，选 C 计 0 分；

12 题，选 A 或 B 计 0 分，选 C 计 30 分；

13 题，选 A 计 0 分，选 B 计 30 分，选 C 计 10 分；

14 题，选 A 计 0 分，选 B 计 30 分，选 C 计 20 分；

15 题，选 A 计 30 分，选 B 计 20 分，选 C 计 0 分；

16 题，选 A 或 C 计 0 分，选 B 计 30 分。

测评解析：

低于 160 分：生活习惯差，生活方式不健康。

160 ~ 280 分：生活习惯正常。

280 ~ 400 分：生活有规律，生活方式比较健康。

400 ~ 480 分：生活习惯非常好，生活方式很健康。

生活习惯，也称生活方式，是指个体或群体日常生活的常规行为，包括饮食、衣着、运动、作息、交流、嗜好等所有的生活习惯。

良好的生活习惯不仅能促进个人的身心健康，而且也对人的未来发展有间接的作用。那么，如何培养良好的生活习惯呢？

第一，要合理地安排作息时间，形成良好的作息制度。每天保证 7 ~ 8 小时的睡眠；不要困了才睡，累了才歇；不要熬夜、睡懒觉等。

第二，要进行适当的体育锻炼和文娱活动。“文武之道，一张一弛。”

不要过度紧张，要保持平和的心态。

第三，要保证合理的营养供应，养成良好的饮食习惯。营养学家的研究证明：早餐吃饱、吃好，对维持血糖水平是很有必要的；用餐时不能挑食偏食，要全面加强营养；还要多吃水果和蔬菜。

第八章

改变你的惰性
——用行动活出漂亮的人生

拯救自己最重要的是付诸行动。我们要敢于冒险和尝试，抓紧每分每秒，让自己忙碌起来，在平凡中持之以恒，一步一个脚印走向成功。冰冻三尺，非一日之寒。长城也不是在一夜之间建好的，但只要我们坚持自我拯救，铸造良好品格，认真付诸行动，就一定能够走向成功的彼岸。

用行动力战胜人生困难

守株待兔的行为，根本就是在浪费时间和生命。许多人终其一生，都在期待着一个机会令自己成功，这种行为等于是把自己的命运交给不可知的外力来决定。事实上，机会无处不在，重要的是，在机会出现时，我们是否有足够的行动力来抓住机会。如果你想成功，就应该做到在困难和挫折面前不退缩，用行动的力量战胜一切不可预知的困难。

麦迪第一次做业务员，虽然年轻但却表现得很自信。

在去拜访客户前，麦迪先要做一些准备工作。他把自己关在屋里，站在镜子前，把名单上的客户念了20遍，然后对自己说："在本月之前，你们将向我购买广告版面。"

他怀着坚定的信心去拜访客户，第一天，他和30个难缠的客户中的3个谈成了交易；在第一个星期的周末，他又达成了两笔交易；到第一个月的月底，30个客户只有一个人不买他的广告。

在第二个月里，麦迪没有去拜访新客户。每天早晨，只要那个拒绝买他广告版面的客户的商店一开门，他就进去请这个商人做广告，可对方每次都是拒绝。麦迪仍继续前去拜访。

到这个月的最后一天，商人说："你已经浪费了一个月的时间来请求我买你的广告版面，我现在想知道的是，你为何要坚持这样做。"麦迪说："我并没有浪费时间，我一直训练自己在逆境中的坚持精神。"

商人点点头，紧紧地握住麦迪的手说："我也要向你承认，你已经教会了我坚持到底这一课。对我来说，坚持比金钱更重要，为了向你表示我的感激，我要买下你的一个广告版面，当作我付给你的学费。”

具有行动力的人并不盲目，正如麦迪，在客户一次次拒绝的情况下，他仍然坚持付出行动，做事循序渐进，胸有成竹，按照计划一步一步地去实现自己的目标。行动力就是成功的宣言。

要提升自己的人格、发展自己的个性，最重要的是亮出你的行动力，做你想做的事情，在困难中磨炼自己的勇气、忍耐力、魄力和决断力。敢于坚持自己的立场，就可以取得因你的勇气而带来的胜利，毕竟胜利总是属于那些敢于坚持的人。

19 世纪中期，在美国宾夕法尼亚州发现了石油，成千上万人奔向采油区，原油产量飞速上升。

而洛克菲勒经过考察，认为不应该在原油生产上投资，由于盲目开采，油市的行情必定下跌。之后，果然不出洛克菲勒所料，由于疯狂地钻油，导致油价一跌再跌，每桶原油从当初的 20 美元暴跌到 10 美分。那些钻油先锋一个个败下阵来。3 年后，原油一再暴跌之时，洛克菲勒却认为投资石油的时候到了，但是却遭到了好友的反对。

“我们赚了这么多钱，拿来投资原油吧，怎么样？”他跟克拉克商量道。

“想投资暴跌的泰塔斯维原油？你简直疯了，约翰。”克拉克不以为然。

“据说尹利镇到泰塔斯维计划修筑铁路，一旦完工，我们就能用铁路经过尹利运到克利夫兰……”

尽管洛克菲勒磨破了嘴皮，克拉克仍旧无动于衷。于是洛克菲勒开始单独行动，他拿出 4000 美元，与英国人安德鲁斯合伙开设了一家炼油厂，独家包揽了石油的精炼和销售。安德鲁斯采用一种新技术提炼煤油，使自己的公司迅速发展。洛克菲勒迅速扩充了炼油设备，日

产油量增至500桶，年销售额也超过了100万美元。

1865年，洛克菲勒的公司共缴纳税金3.18万美元，它仅雇用了37人，却创下了120万美元的销售总额。由此，洛克菲勒成了美国十大超级富豪之一，洛克菲勒家族成为美国最富有的家族之一。

洛克菲勒的成功向我们展示了强大的行动力。他一直在行动，无论遇到多大的困难，仍坚持自己的立场，也正是这种行动力成就了洛克菲勒辉煌的人生。

有些人坐等机会，希望好的运气从天而降；而成功者却是积极准备，一旦机会降临，就能牢牢把握。我们相信人生中充满了机会，而许多人的成功其实和运气无关，应归功于当机立断、敢作敢为、坚持不懈的强大行动力。

不敢行动，梦永远是梦

梦想是伟大的，就是因为有了梦，才会去想，不敢行动，梦想就无法实现。

一个人每天不停地向上帝祷告说："让我发财吧！让我发财吧！让我中500万元大奖。"看他求了好多天都没有实现愿望，一个天使去问上帝："你是最仁慈的主，为什么他求了你这么长时间，你都没有满足他呢？"

上帝很无奈地说："他想中500万元大奖，好歹他先去买张彩票呀！"

这真令人捧腹。是呀，你想要中奖，但却怕白买了彩票而迟迟没有行动，上帝就是想帮你，也没有帮你的机会呀。

在生活中，这样的祷告者很普遍，他们渴求成功，但又害怕失败，所以徒有想法，而没有实际行动，自然，成功永远不会光顾。光有想法，没

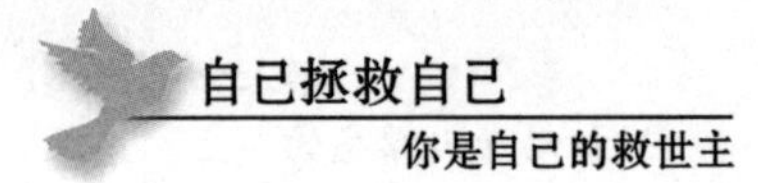

有行动，除了毫无意义地浪费你的脑汁空想一番，还会白白浪费你的时间。

“一寸光阴一寸金”，人最浪费不起的就是时间。你能有多少年青春？伤不起。

比如一个学生，想要考出好成绩，唯一的方法就是努力勤奋地学习。不勤奋，不付出，心里念叨一万遍想有好成绩，也只能是空想。同样，一个商人，想拥有成功，想让自己富甲天下，那么就得拼命去赚钱。光坐在家里空想，想破了脑袋，天上也不会掉下一文钱来。

许多人总是感叹机遇的稀缺，感叹自己没有遇到过好的职位。其实，把感叹的时间用来努力创业，改变自己的现状，恐怕机遇早抓在手里了。光有想法，没有行动，再完美、再伟大的计划也只是一纸空文，它是成功者的大敌。

世界著名品牌可口可乐的总裁，在回顾自己的一生时说：“有人问我为什么能获得成功，那是因为我想得少做得多。事情可以考虑周全一些，但想好了，就赶快做，才是成功的要素……”

行动是成功的保障。有了好的创意，加上行动，成功自然就会接踵而来。就如攀山，你动作麻利，走得越快，自然就会攀得越高。自古以来，没有哪个人的丰功伟绩是坐在屋子里想象出来的，也没有哪个将军的赫赫战功是坐在军帐里想象出来的。

著名的海尔公司，在1988—1997年的9年时间里，先后兼并了青岛电镀厂、空调厂、冷柜厂、红星电器厂、武汉希岛公司等15家企业，可谓战果辉煌。在做着这些的时候，海尔的决策层同样会考虑到市场风险，因为多兼并一家企业的同时，就要把它的风险一并兼并过来。虽然担忧，但并未停下往前走的脚步，在走着的同时，遇到困难及时解决，才有了后来的巨大成功。正是这些大手笔，海尔公司完成了集团的产业布置和区域布局，取得了明显的经济效益。如果公司老总瞻前顾后，前怕狼，后怕虎，那么，他们的公司也不可能大阔步地走向世界，家喻户晓。

所以，行动永远是成功的保障。徒有想法，充其量你只能算个思想

家。而有了行动，成功才肯与你握手。

一次行动，抵得上百遍空想。看准了就一定要行动，因为只有这样才不会让自己和成功失之交臂。

行动永远是成功的第一保障，这是不争的事实。当你有了一个创意或想法，或者看好一个项目业务，虽然前景美丽如画，但你迟迟不敢起步，再庞大的宏图，也只能是你想象中的一座海市蜃楼。所以，只有行动起来，你才会走向成功。

有了梦想，就应该迅速有力地实施。坐在原地等待机遇，无异于盼天上掉馅饼。大胆追逐梦想，才是梦想成真的必经之路。

记住：不行动，梦终究是梦！

凡事皆有可能，要有胆量去做

你有没有这样的经历：你很想去做一件事，当你正要动手的时候，有人劝你：你怎么这么不懂事呀？这事根本就是妄想！于是，你也觉得这事太难了，万一真如朋友所说，不成功，岂不是白费了工夫又浪费了精力？于是，你便坦然地放弃了自己构思好久的意图。而没过多久，又一个机会摆在你面前，但这一次却是你自己不自信了，没有人劝你，你就在心里说，这事难度比上次大多了，做成的可能性更不大，所以你又乖乖放弃了……

但当你放弃的时候，其他人却做成了。你会不会因为自己胆小，而白白浪费了这些机遇呢？一次又一次，你失去了许多机会，这些机会再也不会重来，尤其当你看到别人成功的时候，你心中恐怕会更加悔恨，原来凡事皆有可能，只是你自己把自己误了啊！

是啊，凡事皆有可能，就看你有没有胆量去做，会不会全身心地投入。

许多年前，曾在报上看到过这样一则新闻。

一位80多岁的老妇人，孤零零地住在山上。有天她要下山去，当她刚走到半山腰时，突然从树林里蹿出一头豹子，一下扑向了老妇人。一头凶猛无比的豹子，一个白发苍苍的老妇人，这力量的悬殊，不用说也看得清。按照常理，这场决斗的结果，必定是老妇人葬身豹腹。但让人惊讶的是，处于绝境中的老妇人不知从哪里涌出无比的力量，双手死死掐住豹子的脖子，竟然把豹子给生生掐死了。这条新闻引起了巨大的反响，不信的有，惊讶的有……

但这条新闻的真实性，不可争议地告诉人们：凡事皆有可能。

就如生活或者工作中，某些事看起来困难重重，毫无做成的可能性，但你只要真用心去做了，竟然也顺利地做成了。这就足以说明，凡事只要去做，没有不可能的！

生在尘世，每日遭受学习的压力、工作的压力，人人似乎都向往世外桃源，过一种轻闲幽静的生活。但许许多多的人只是想想，觉得太不可能了。因为在人的意识中，谁也不可能真正丢开物质条件非常优越的现代生活，只是一些感叹罢了。但让人们瞠目结舌的是，还真的有人就建成了自己的世外桃源。新闻报道说，有一对大学毕业的夫妻，放弃了都市的繁华，来到一个小山区，租了一块地，过起了自给自足的田园生活。只要有决心，凡事皆有可能，主要就看你有没有把自己的想法赶快付诸行动。

世界第一女首席执行官卡莉·费奥瑞纳，当她坐上了惠普公司的首席执行官宝座时，许多人都在窃窃私语，甚至有许多人不客气地评价她太过缺乏经验，太过华而不实，太过另类；她无法胜任这家传奇性硅谷企业的首席执行官。

是啊，一个不懂电脑的女人，凭什么让人相信她的能力？但她却不负众望，在惠普公司6年的时间里，大刀阔斧对公司进行调整，大力扭转公司服务形象，马不停蹄地奔波于世界各地考察。她一系列雷厉风行的措施，不但为惠普迎来了新市场时代，也在短短的时间内让惠普股票上涨了20%。而当她英姿飒爽地站在《财富》杂志的封面

时，人们这才得知她已是一位45岁的中年妇女……

尽管不可思议，但她确实成功了。她用自己的行动告诉人们：凡事皆有可能，只要你肯去做！所以，当你想做某件事时，先别想着它的难，而是要想这件事情对你来说，成功的把握有多大，你该付出怎样的努力去做好它。

先别泄自己的气，没做就认为事情根本不可能做成。要记得，世上原本没有路，走的人多了，就成了路。创业同样如此，没有什么不可能的，只要你看准目标真心地投入，一切就皆有可能。

实际行动胜过千言万语

有些人总喜欢对人发号施令，对事指手画脚，这会招致他人的反感。他们不知道用实际行动去感染他人胜过千言万语。

行动的力量是无穷的，它远远要比你费尽心机与口舌，给别人讲道理、说服或命令别人按照你的指令做事会取得更好的效果。别人之所以愿意为你服务，是被你的魅力所折服，他们执行你的命令，完全是出于他们的自愿，这比任何策略都管用。

一个人要想指望事业有成，必须与“勤奋”二字交友，始终保持勤勤恳恳、兢兢业业的作风，真心实意地把全副精力投入到事业中去。勤奋的人，终会收到丰硕的成果。

现实是此岸，理想是彼岸，中间隔着湍急的河流，勤于行动，行动则是架在河上的桥梁。

古时候有两个和尚，一个穷，一个富。有一天，穷和尚对富和尚说：“我想到南海去，您看怎么样？”富和尚说：“我多年来就想租条船沿江而下，现在还没做到呢，你凭什么去？”

第二年，穷和尚从南海归来，把到过南海的事告诉富和尚。富和尚深感惭愧。

穷和尚和富和尚的故事，告诉我们一个简单的道理：“说一尺不如行一寸。”

时下有些人，只说不做，或说得多做得少，或说的是一套，而做的又是另一套，或将功劳无限扩大，抬高自己，贬低别人。这些人并不是不懂“说一尺不如行一寸”的道理，而是已经养成了“说得多，做得少”的习惯。这些人看不到别人的成绩，只看得到自己的功劳，不尊重别人的劳动成果，只知一味地强调自己的丰功伟绩。

无论是在优越的环境中，还是在困境中，只要肯勤奋做事，就会实现你的梦想，你付出了就会有收获，因为天道酬勤。

有两个人，一个是体弱的富翁，另一个是健康的穷汉，两个人相互羡慕着对方。富翁为了得到健康，乐意让出自己的财富；穷汉为了得到财富，愿意舍弃自己的健康。

一位闻名世界的外科医生发现了人脑交换方法。富翁赶紧提出要和穷汉交换脑袋。其结果，富翁会变穷，但能得到健康的身体；穷汉会富有，但将病魔缠身。

手术成功了。穷汉变成富翁，富翁变成穷汉。

不久，成了穷汉的富翁由于有了强健的体魄，又有着成功的意识，渐渐地又积累起了财富。可同时，他总是担忧自己的健康，一旦感到轻微的不舒服便大惊小怪。由于他总担惊受怕，久而久之，他那极好的身体又回到原来那多病的状态中，或者说，他又回到以前那种富有而体弱的状态中。

那么，另一位新富翁怎么样呢?

他总算有了钱，但身体很弱。然而，他总是忘不了自己是个穷汉，不懂得使自己的财富保值。他不想用得来的钱建立一种新生活，而不断地把钱浪费在无用的投资里，应了“老鼠不留隔夜食”这句老话。

不久，钱便被他挥霍殆尽，他又变成原来的穷汉。然而，由于他伤神劳体，换脑时带来的疾病不知不觉地消失了。他又像以前那样有

了一副健康的身体。最后，两个人的身体都回到换脑前的状态。

故事中“穷汉变成富翁，富翁变成穷汉”的道理，引人深思。是笨鸟，就先飞。如果你彻底明白了这个道理，你可能就会成为真正的富翁。不管你说得怎样可行，多么有道理，如果不行动，你最终也无法验证你所说的可行，让他人相信你说的有道理。只有行动起来，让行动说话，才能真正证明你自己。

行动之前给自己一个可行的目标

制定一个明确的目标是非常重要的，盲目行动是成功的败笔。

魏国大夫季梁有一天走到太行山下，看见一个人驾着车往北奔去。季梁问他去哪里，那人说要到楚国去，季梁奇怪了，说：“楚国在南边，你怎么往北边走呢?”那人说：“不要紧，我的马跑得很快。”季梁说：“你的马即使跑得很快也不行啊。”“犹至楚而北行也”，背道而驰，南辕北辙，跑得越快离目标越远。

心里想着要往南去，却驾车往北去，背道而驰的结果会使距离努力的目标越来越远。你千万不要做这样的蠢事：当爬到了梯子的顶端，却发现梯子架错了地方。

在行动之前，你要设定一个具体可行的目标，“化目标为成功”有几个具体步骤。

1. 在你的心里要有一个清晰的具体数字

泛泛地说希望挣到多少钱是一个空洞的概念，等于张着巴掌，看似在抓什么，其实什么也没抓住。

曾有两个做房地产生意的朋友，二人分别去银行贷款。一位朋友提供的贷款计划金额为 120 万美元，另一位朋友提供的贷款金额为 119.19 万美元，结果银行批准了后面这位朋友的贷款，而前一位朋友的贷款请求被拒绝了，原因是：银行主任在审批二人的贷款申请时，发现后者的预算具体细化得很好，考虑得很周全，说明这个人办事认真，成功的希望很大。

2. 坚强的决心可以创造奇迹

12 年前，瑞典皇家文学院把该年度的诺贝尔文学奖授予了匈牙利作家凯尔泰斯·伊姆雷。

伊姆雷是一位木材商的儿子，小时候很呆笨，因此他有一个绰号叫“木头”。伊姆雷在学校是无名之辈，他在 9 岁那年因为遵守秩序而获得过一枚学校奖励的玩具螺丝钉，此外，他再也没有什么可值得夸耀的。

12 岁那年，伊姆雷做了一个奇怪的梦，梦见一位国王给他颁奖，因为他的作品被诺贝尔看上了。伊姆雷醒了之后，很想把这个梦告诉别人，但又怕别人笑话他，最后他只好告诉了妈妈一个人。妈妈惊喜地说：“假如你真的梦见了国王给你颁奖，你今后就一定会有出息！因为当上帝把一个不可能的梦放在谁的心中时，就是真心想帮助谁完成。”

12 岁的伊姆雷这才知道梦和上帝还有这层关系，妈妈的话使他信以为真。他想他是天下最幸福的人了！世界那么大，可是上帝却一下子选中了他。为了使他的作品真的被诺贝尔看中，小男孩热爱上了写作，他要实现那个让国王给自己颁奖的目标。

3 年过去了，上帝没有来，又 3 年过去了，上帝还是没有来，就在小男孩期盼着上帝来帮助他时，希特勒的部队来了。他们是犹太人，被送进了奥斯维辛集中营。在那里，数百万犹太人失去了生命，而他却靠着“上帝会来帮助我”的坚强信念活了下来。后来，他怀着这样的信念走出奥斯维辛集中营，1965 年，他写出了第一部小说《无法选择的命运》，接着，他又开始写作第二部、第三部……当他一系列作品先后推出后，国王真的给他颁奖了。

3. 制订一个 30 天的改善计划

当你看到一个处处出类拔萃的风云人物时，应该立刻提醒自己，他的

优雅的风度并不是天生的，而是由许多严格的自我控制所造就的。建立一种新的积极的习惯，同时根除旧的消极性习惯就是他们的修养过程。

从现在开始，给自己制订一个30天的改善计划，写上如下内容。

（1）改掉这些习惯

①不按时完成各种事情；

②消极性的词语；

③每天看电视超过60分钟；

④无意义的闲聊。

（2）养成这些习惯

①每天早上出门以前检查自己的仪表；

②每一天的工作都在前一天晚上就计划好；

③任何场合尽量赞美别人。

（3）用这些方法来增加我的工作效率

①尽量发掘部属的工作潜力；

②进一步学习公司的业务，如公司的业务有哪些，顾客又是哪些人；

③提出三项改善公司业务的建议。

（4）用这些方法来增进家庭的和谐

①对太太（丈夫）为自己做的小事表示莫大的谢意，不可像往常一样认为理所当然；

②每周一次带家人做些特殊的活动；

③每天拨出一小时跟家人快乐相处。

（5）用下面的方法来修养个性

①每周花两小时阅读本行的专业杂志；

②阅读一本励志书籍；

③结交4个新朋友；

④每天静静思考30分钟。

你的目标应当设定在赢取对自己最重要的酬劳之上，而不是对他人来说重要的东西。假若暂时没有办法达成内心的目标，不妨设定一个比较容易达成的小目标，并竭尽全力去完成。

当上一个目标完成后，紧接着把你下一个想法转化成迈向最终目标的一个步骤，无论你下一个想法是否重要，重要的是立即去行动。而且，时刻要记住用它来评估你所做的每一件事："这件事对我有没有帮助?"假若答案是否定的，就放下不做；假若答案是肯定的，就要立马去做，将自己一步步地推向成功。

一个人的态度通过行动来表明，行动可以为你带来回馈和成就感，也可以为你带来喜悦，通过潜心的工作获得自我满足与快乐，这是其他方法无法取代的。如此一来，如果你想追寻快乐，想发挥潜能，想更快地获得成功，就必须付出行动并为之全力以赴。

制订行动计划

当我们确立一个目标后，紧接着要做的重要工作是什么呢?

有些人是急于直接行动，结果可能因为考虑不周，鲁莽行事而无法成功，或者因为行动路线的错误而代价过大，影响大的成功；有些人则因为目标离现实较远，不知从何下手，难免过于拖延徘徊，也无法成功。

目标与现实之间隔了一条河，河流时深时浅，有宽有窄，有的中间还有急流险滩或其他不测因素。要跨过你的现实与目标之间的河流，你首先必须考虑过河的方法。如果你不考虑自己是否会游泳，不考虑河流究竟有多深，硬要凭勇气过未知的深河，那非淹死不可。

其实，人们有很多办法渡河，可以游泳而过，也可以造桥而过，还可以乘船而过，如果需要和可能的话，乘直升机过去不是又快又好吗?

所以，当我们确定一个目标之后，紧接着要做的工作是制订行动计划，选择最佳的路线和策略。

有最佳路线，就有次佳路线；有一般路线，还有最笨路线。现实中，大多数人都是选择一般路线，有的还选择最笨的路线。他们几乎没有比较、没有计划，实际上也就是没有选择。当你头痛医头，脚痛医脚，临时

抱佛脚，临渴掘井而莽撞行事时，你怎么会有好的行动路线选择呢？

当然，所谓最佳行动路线和策略，必须是针对具体情况而言。世界上没有什么简单的公式能让我们做出最佳行动路线的选择，必须凭着我们对目标、对现实的认识分析，凭着我们的经验、个性、智慧去灵活决定。

最佳行动路线和策略也要因人因时而异。选择最佳路线和策略要动脑筋，想办法，以下几点提示可供参考：

（1）任何一个目标的实现，都有多种途径和方法，要列举一切可能的方法途径。

（2）对每一项可能的途径、方法进行分析，是否能直达目标？是否在现实中行得通？是否代价最高？是否利多弊少？

（3）对每种途径方法进行对照评估，找出结果最好、代价最小、弊端最少的方案。

根据以上分析，定出最佳行动路线、策略原则。一个人的思路容易闭塞，最好能借用他人的智慧。要善于向有经验的人咨询学习。如果一个人时，可能借助纸和笔，模拟不同的角色，从不同的角度进行探讨。

测一测　行动能力自测

行动是实现目标的必要条件。没有行动能力的人，在机会到来时也会轻易让机会溜掉；相反，行动能力强的人，不但能抓牢机会，而且能主动创造机会。

下面的命题，根据你的实际情况，表示肯定的计1分，反之计0分。做完后将总分与结果对照。

1. 既定的目标一定要实现。
2. 一旦事情考虑成熟，立即付诸实施。
3. 失败再多也不气馁。
4. 有比一般人更强烈的实现目标的愿望。
5. 有只要做，便能成功的自信心。
6. 对工作能集中精力，持久性长。

7. 在大脑中一闪念的事物，也能去努力实现。

8. 认准的事一定要干到底。

9. 对合作者能一直信赖。

10. 对要做的事，一件一件地去完成它。

11. 为了实现目标，往往全力以赴。

12. 经常盼望机遇的到来。

13. 与专心思考相比，更多的是身体力行。

14. 一直得到许多人的帮助。

15. 方案的确定周密详细，操作性很强。

评测解析：

0～4分：行动能力很差，或者是你不想行动，害怕失败，因此谨小慎微。

5～8分：行动能力较差，或者是你不轻易行动，全力主张“等等看”的观点。过于消极，缺乏机敏。

9～11分：行动能力一般。行动的选择依赖自己的好恶和情绪，不具有稳定性。

12～13分：行动能力较强，对情况的变化表现得非常敏捷，不过有时可能会出现故弄玄虚的现象，要引起注意。

14～15分：行动能力很强，可以说非常超群。能仔细准确地观察周围事物的变化情况，打破自我，开放思路，渴望取得大成就。

第九章

美化你的口才
——做自己的口才专家

说话是一门精妙的艺术，只不过每个人的"造诣"有高有低。有的人说话枯燥乏味、如同嚼蜡，有的人说话则妙趣横生，给人如沐春风的感觉。口才不是天生的，是后天练成的。每一个人都应该坚定信心，只要肯下功夫，肯练习，人人都可以培养出自己的好口才。

口才可以创造价值

好口才就是好的语言表达能力。口才有价值吗？说话能创造价值吗？在回答这两个问题之前，先来看几个例子。

新东方学校校长俞敏洪的讲课内容被无数学生录了下来，在网上播放，被大家追捧。他靠自己的好口才开创了新东方学校，这是中国排名第一的出国预备校，占据了北京80%和全国60%以上的英语出国培训市场。最近几年，新东方学校的年收入都在5亿元以上，可以说这些都是“讲”出来的。按每天讲8小时计算，这“讲”一小时就价值约17万元。

美国前总统克林顿在任期结束时，因为莱温斯基的案子身负1130万美元的债务。不过他一点儿也不担心，他靠出众的口才四处演讲，再加上出书，只用了一年时间就把债还清了，而且还有数百万美元的财务盈余。截至2014年6月，卸任后的他在12年间共发表500多场演讲，获得一亿多美元的巨额报酬。

阿里巴巴的首席执行官马云对前来投资的孙正义说：“和您这样的聪明人讲话，不需要多讲，所以我没有商业计划书。”他的确没有多讲，他只讲了6分钟，而就是这6分钟，就让孙正义拿出了2000万美元给他，算下来每秒钟值5万多美元。

在中国历史上，不乏靠口才发挥重要作用的例子。战国时期，同为鬼谷子弟子的苏秦和张仪，凭着雄辩的口才，使当时的整个中国都成了他们表演的舞台。其中，苏秦游说五国，与赵秦阳君共谋，发动韩、赵、燕、魏、齐诸国合纵，迫使秦国废帝退地，确保了这些国家15年的安宁。而张仪同样靠着他那三寸不烂之舌，从楚国入手，离间齐、楚的关系，再逐一将联盟攻破，变合纵为连横，最终帮助秦王统一了中国。苏秦和张仪，这两个人的口才值几何？恐怕用金钱已经难以衡量了。

从这些例子中不难看出口才本身的重要性。它不仅能够创造可以量化的价值，而且有时候，它还能创造出不可估量的价值——小到个人的成功，大到国家的兴衰。

在我国，越来越多的人开始重视口才的锻炼。而在以前，口才一直都被人忽略，甚至是误解，因为人们传统的思想就是说得再好也不如去做。孔子曰“巧言令色，鲜矣仁”。那些会说话的人往往都会被冠以“油嘴滑舌”的名号，而那些不爱说话的人却被称赞为老实、憨厚。这样一来，会说话的人给人的感觉就是他的品行存在问题，而不会说话的人就是品行好、善良的人。在现代，随着社会的进步，人们的观念也在发生变化。比如在过去，经商的人地位很低，被看作是三教九流之一，而现在，那些成功的商人甚至成为了某些人崇拜的对象。同样，口才的地位也越来越高，在激烈的竞争中，语言表达能力也成为竞争成功的一个关键因素。因此，更多的人开始注重锻炼口才。

在美国，关于演讲方面的课程很多，甚至在中小学就已经开设了，人们都认为语言表达能力一定要在小时候就开始训练。在美国的大学中，口才训练也是很重要的，学校里会有各种各样的训练课程，还有一系列锻炼口才的交流平台。他们的学生活动也很多，比如演讲和辩论比赛等。在上课的过程中，也不是一直都是教师讲课。教师们将一半的时间给学生，让学生来讲，锻炼他们的心理素质，提高他们的语言表达能力。当然，美国的学校之所以会给学生提供这样多的机会锻炼口才也是有原因的。比如，美国的总统选举是国家的一件大事，在2008年，奥巴马和麦凯恩的总统角逐受到了全世界的关注。实际上，美国可以是一个什么事都要竞选的社会，无论是总统，还是州长，甚至是议员都要参加竞选。

大学生申请好的研究项目或者奖学金要竞选；在公司里升职或者争取

项目要竞选。而要在这些竞选中取得胜利，语言表达能力是重中之重。如果没有很好的表达能力，无法将自己的优势展现出来，又怎么能够在竞选中获胜呢？奥巴马之所以能够在大选中取胜，和他出色的语言表达能力是分不开的。

人在社会中生存，就要与他人发生这样那样的关系，如何处理好这些关系，语言表达能力是关键。

好口才积累超级人脉网

在现代社会，拥有一个庞大而高质量的人脉圈子是一个人最大的资本，它虽不是直接的财富，却能够为你带来意想不到的收获。有了人脉，你可以坐在家里做成大生意；有了人脉，你可以在需要帮助的时候及时地获得他人的帮助和支持；有了人脉，你可以在竞争中脱颖而出。如果没有人脉，你将寸步难行，比如，你本来拥有很扎实的专业知识，却没有关键人物为你开道，即使你占尽天时地利，“人和”这个因素的缺失仍然会让你失败。有人说过，穷人与富人最大的区别就是穷人的朋友非常少，而富人的朋友却遍天下。事实也证明，富人很多时候也未必会有多么不同凡响的能力，但他们的起家一定是因为拥有丰富的人脉资源。

谁都想有一个黄金人脉圈，却未必是人人都能够得到。很多时候，人和人之间关系的建立和维系靠的不是什么才华、能力、地位、财富这些外在的东西，而是口才。可以说，会说话就是维系一个能为你带来财富的人脉圈子的基础。一个会说话的人，可以流利地表达出自己的意图，最简单的话也能够表达出深刻的道理，而别人也乐意接受，从而与对方建立起良好的关系。这样的人往往会获得更多的机会，因为一旦朋友有什么好事情，他们会在第一时间里想到他。但一个不会说话的人通常不能很好地表达出自己的意图，再好听的话也会被他们说得让人愤怒、不安、疑惑，不仅听者别扭，说者自己也失去了一些本来很好的朋友，以至于给自己的人脉圈带来一些不可避免的麻烦。

阿乙在过40岁生日时，请来4位好友在他家为其庆贺生日。有三位朋友都到了，但还有一个人迟迟没到。

酒菜都准备齐全了，那个人还没来，阿乙着急得脱口而出："真是急死人了，这该来的怎么还不来?"

其中一位朋友听了非常生气，冲他说："你这话什么意思，该来的没来，意思是我是不该来的，既然如此，那我就先走了。"话音没落，他就抬脚走人了。

阿乙见那个人还没来，这位朋友又生气地走了，于是急忙给剩下的客人解释："我不是那个意思，他误会了，真的误会了，我没有让他走的意思，这不该走的倒又走了。"

剩下的两位客人一听这话，其中一个就生气地说："你这人怎么这么说话，照你这么讲，该走的应该是我，那我还在这干吗？走人。"说完，他也起身走了。

没想到又气走了一个客人，阿乙心情糟透了，看着剩下的一个人不知所措。

最后剩下的这个人跟他交情较深，就好心好意劝他说："算了，人都已经走了，以后你说话时要注意点用词，讲究点语言艺术。"

阿乙一脸的无奈，对这位朋友说："其实他们都误会我了，我根本就不是说他们的。"

最后这位朋友一听马上就变了脸色，大声问道："你说什么？你不是说他们，那就是说我了？真是莫名其妙，我哪里招惹你了?"说完，这最后一位朋友也气哼哼地走了。好好的一次生日聚会却因为阿乙不会说话不欢而散。

可见，会说话，你才能很好地维系彼此之间的关系，如果总是在不恰当的时候说不恰当的话，朋友关系再好也会因此而受到影响，这样你在无形中就会损失很多利益。

拥有好口才，你就拥有了一种不可思议的力量，你可以轻而易举地影

响周围气氛的松弛与紧张，很容易赢得别人的尊敬，以至于人们常常将一个人的说话能力与其社会交往能力联系起来，认为它可以影响一个人的人生成就。

就以简单的打招呼为例。和其他人见面的时候会打招呼是一个人在社会交往中游刃有余的第一步。有人认为这是一种套近乎的表现，而自己品行高洁，没必要做这种讨好别人的事情，有的人因为胆小而不敢开口，每次见到领导、同事、朋友腼腆一笑就过了。其实，不要小看“早晨好”“晚上好”“我失礼了”之类简单的话。和熟人见面，一句亲切的问候可以使对方认为你亲切随和、友好、好相处，从而拉近双方的距离、促进双方的关系。和陌生人见面，一句亲切的招呼可以化解对方的距离感和陌生感，使彼此由陌生人变成朋友关系。

小肖大学毕业后就离开家在外地工作，每年都会坐好几次火车回家去探亲。每次回家，他在车上一坐就是十几个小时，枯燥无聊、闲来无事的他就会和周围的人打招呼，“您好，您也是回家探亲吧。”“您好，能不能把您的报纸借我看一下”。三言两语间，两个原本陌生的人就熟识起来。这样，每次坐车他都能认识几个朋友，分手时互相留下电话，像老朋友一样亲切，十几个小时的旅途非常愉快。工作几年后，他的朋友已经遍及全国各地，每次外出出差或游玩都有人接待，工作中遇到什么事情他经常是打几个电话就能够解决问题。

简简单单的打招呼尚且如此，如果我们能够掌握深厚的口才功底，其爆发出来的力量将会非常惊人。这告诉我们，要想成功，先要培养人际关系，要想培养人际关系，就要从打造良好的口才能力开始，这样，你在与人交往的时候才能够如鱼得水，一切都顺风顺水。

赞美就要夸到“点儿”上

赞美可以说是一个人在社交场所畅通无阻的一大武器。很多看过《鹿鼎记》的人想必一定对韦小宝的嘴上功夫敬佩无比。这个从小在妓院里栖身的小混混在复杂的生存环境中练就了一副好口才，嘴巴甜得不得了，对谁都能张口就是好听话，直到说得对方心花怒放，谁见了都要说一句“这孩子嘴真乖”。就是凭着这副好口才，他不但在宫里生存了下来，而且获得皇帝的赏识，在宫外得到了诸多江湖人士的欣赏，最后还屡次抱得佳人归。

也许你看不上韦小宝这种油嘴滑舌的人，但是你不得不认同，说好听话式的赞美的确是人际交往中重要的交际手段，是一种积极有效的沟通、交流方式，利用这种方式，你可以通过对他人的优点作肯定和积极的反应而使双方产生良性的情感沟通和心灵之间的交流。可以说，每个人都喜欢赞美，每个人都需要尊重，每个人都渴望得到力量、信任、名誉、威望、地位的心理需求。而赞美恰恰是满足人们的这种心理需求的最好方式。你只要能够准确地抓住对方的心理需求，给予对方最大的满足，就一定能逢凶化吉，顺风顺水。

不过，需要注意的是，只有真诚的赞美才能够获得他人的认同，如果你对谁都说一些公式化的套词就难免会让人认为你投机取巧、不值得信任。尤其是一些涉世不深或玩世不恭的人见谁都是“久仰大名”“如雷贯耳”“百闻不如一见”“生意兴隆”“财源广进”，脸上笑得再热烈，语气再热情，也总让人感觉俗不可耐，有时候还会马屁拍到马屁股上，招来对方的反感。

如果你不想好心说好话最后却沦落为被人排斥、防范的对象，你就要注意赞美的技巧，不仅要慷慨大方地使用你的称赞，还要有技巧地运用赞美。

1. 赞美别人看不到的地方

虽然谁都喜欢听好话，但是好话听多了，任谁都觉得烦。如果你总是人云亦云，别人说什么你也说什么，时间长了，被赞美的人听腻味了，你就是说再多遍也不会让对方产生好感，相反，他只会觉得你无聊。这就像一个孩子长得漂亮，每个人见面都说“这孩子长得真好看”，而你也这么

说的话，听者就会觉得不耐烦，因为夸的人多了，多你一个不多，少你一个不少，他自然不会放在心上。但你如果换个方式，如夸孩子聪明伶俐、夸孩子活泼可爱就一定会得到对方的接纳。

很多人会说“我也想说点不一样的话，但是好像没有什么可以赞美的啊?”其实，“生活中从来都不缺少美，缺少的是发现美的眼睛”，即使是再不被人喜欢的人也会有值得肯定的地方，只是你没有认真去挖掘他的闪光点而已。哪怕你实在找不到他值得赞美的地方，你也可以从他身边的人、事物去赞美。正如奥地利心理学家贝维尔博士曾说的那样：“如果你想赞美一个人，而又找不到他有什么值得称赞之处，那么你可以赞美他的亲人，或者和他有关的一些事物。”所以，只要你愿意，他的家人、他的朋友、他的服饰、他的发色甚至他看人的眼光、购物的兴趣都可以成为你赞美的对象。

2. 对不同的人赞美其不同的地方

最打动人心的赞美通常没有什么华丽的辞藻、没有什么惊天地泣鬼神的修辞手法，有的不过是量身打造、源于生活、发自内心的赞美，让人听了心情愉快。

3. 赞美一定要真诚

不管什么人说，不管在什么场合说，你的赞美话一定要真诚，它是赞美发挥作用的基础。没有人会对虚与委蛇的人感兴趣，如果你的赞美让人一听就觉得虚假，那么还是不要说的好，否则不仅起不到应有的作用，还可能让对方对你产生戒心，进而怀疑你的动机。需要注意的是，无论什么时候都不要把赞美和请求帮忙的诉求放在一起，否则无论你的赞美怎样真诚，其效果都将大打折扣。

4. 赞美要切合实际

一个小伙子去相亲，家人叮嘱他说见面时嘴巴要甜一点儿，多说说好话，比如夸奖对方漂亮、温柔之类的。于是，他见到女孩子后说的第一句话就是：“你好漂亮啊，是我见过的最漂亮的女孩子。”结果，女孩子不冷不热地看了看他，然后双方聊了一会儿，女孩子就找借口告辞了。原来，那个女孩子长相普通，而且因为瘦再加上皮肤黑，小时候还因为淘气摔破额头，留下了一块难看的疤痕，自己经常为自己的长相而自卑，而小伙子却夸她长得漂亮，这让她觉得对方是在挖苦自己。

像这样的赞美就是不合时宜的，很容易让对方怀疑你的诚意，所以，在夸奖对方的时候，一定要脚踏实地，因人而异地夸奖对方确实存在的优点，比如，面对一位长相平凡但性格很好的女子，你不妨赞美她活泼；面对一个性格腼腆的小伙子，你可以夸他有耐心等，但如果你夸长相普通的女子貌若天仙、夸性格腼腆的小伙子活泼可爱，则难免有讽刺之嫌。

称赞别人时，要注意语调和表情。一定要由衷的，自然、真诚、得体最重要，过分夸张和恭维会让听者不舒服，甚至产生反感，起到相反的作用。

幽默修炼：　懂一点幽默术

幽默是人际关系的润滑剂，它以善意的微笑代替抱怨，避免争吵，它还能帮助你把许多不可能变为可能，它所产生的效果远胜于咧嘴一笑。

高尚的幽默，可以淡化矛盾，消除误会，使不利的一方摆脱困境。世界幽默大师萧伯纳有一次在街上被一个骑自行车的人撞倒了。肇事者吓得六神无主，惊慌之中连忙向萧翁道歉，然而萧翁却对他说：“先生，你比我更不幸，要是你再加点劲儿，那就可作为撞死萧伯纳的好汉而永远名垂史册啦!”一句话使紧张的气氛变得轻松起来。幽默，是社交场合里不可缺少的润滑剂，可以使人们的交往更顺利、更自然、更融洽。

幽默是化解尴尬的一剂灵丹妙药，谈话中突如其来的窘境往往使大家不知所措，但这时只要有一个恰当的幽默，大家就都可以从窘境里摆脱出来。

在现实生活中，幽默的人往往能得到人们的喜爱。因为他们在幽默的同时，已经把整个气氛带动起来，使人们轻松自如，开怀大笑。笑是一种表情，更传递着人们的心境状态。当大家都哈哈大笑时，人们不再陌生，

而是能如朋友一般进行交谈。

曾经有一个女人在一家高级饭店吃饭，这个女人特别挑剔，就点了一份儿煎蛋。但是她对服务员提出的要求是：“蛋白要全熟，但蛋黄要全生，必须还能流动。不要用太多的油去煎，盐要少放，加点胡椒。另外，鸡蛋要新鲜的，并且是由乡下快活的母鸡下的。”当时听到如此要求之后，服务员温柔地说：“请问一下，那母鸡的名字叫阿珍，可合你心意?”

幽默一下不仅会给人带来欢乐，还会化解尴尬的场面，改变人的思想和观点。上面提到的笑话中，当服务员说出最后一句话的时候，即使是“冷面观音”也会哈哈大笑，同时也会检讨自己的挑剔。在工作中，如果你能时不时地幽默一下，或者是有幽默的同事在身边，你一定会精神饱满，有最好的工作状态。其实，幽默是一种对现实困境的挑战。当人们心情舒畅、哈哈大笑时，工作效率也会有很大的提高。同时，幽默感还会增加对工作的理解，做到更有控制力和洞察力，使工作更出色。在日常生活和工作中，凡是能够很好地化解尴尬气氛，回敬他人的批评的人，多少都有幽默细胞。

除此之外，那些有幽默感的人跟他人的距离都是比较近的。如果大家知道你幽默，会自然而然地靠近你，与你交好。因为他们跟你在一块儿学习和工作不会感到有压力。

有一位董事长，当时上任的时候还是非常年轻的，为了表达自己与大家一块儿好好干的愿望，在召开公司职员大会进行自我介绍时说：“我是你们的董事长杰利。我生来就应该是个领导人，因为我爸爸是公司的前董事长。”当时听到他如此说，所有与会人员都笑了。看到大家笑，他自己也笑了起来。他只是用幽默的方式向大家表明了自己对这个位子的态度，并且给人感觉也是非常有亲和力的。他的言外之意就是：我一定得跟你们一块儿好好干，只有这样才能改变你们对我的看法。

在很多时候，为了缓解自己的尴尬境地，我们应该采取幽默的方式来传达对他人的关爱和关怀，这是最有趣并且也是最有效的方式。

据说有这样一位律师，他的公寓内住着一个音乐爱好者，无论是人们在休息还是其他时候，这个音乐迷都会把电唱机开到最大，严重影响了这位律师的正常生活。有一天，这位律师实在是忍无可忍了，他拎着一把斧子来到了音乐迷家，说："我来修修你的电唱机。"当时，这个音乐迷吓得魂飞魄散，连忙道歉。看到如此反应，律师说："我应该说抱歉，因为我把凶器都带来了，但你千万别去法庭告我啊。"此时，两人哈哈大笑起来，一笑泯恩仇。

这位律师的做法真是令人称道。他的本意并不是想砸坏音乐迷的电唱机，而是想提醒对方不要把声音开得如此大。当然不满是针对电唱机的，而不是针对人。而"修理"也只是为了表达想让音乐迷声音开低的意愿。

如果你对自己幽默的手法没有足够的自信，不妨学学孩子式的幽默。即使在60岁以后，我们也经常为孩子们由天真而产生的幽默所感动。他们是真正地坦诚待人，不会隐瞒任何事实。当他们毫不掩饰地道出心里所想或事实真相时，人们一下子就喜欢上他们，跟他们在一起会感受到跟任何人在一起都无法感受到的轻松、愉快。

有一天，费里斯请几位朋友来家里吃饭。在朋友进门的时候，费里斯的妻子叫他的小女儿向客人说几句欢迎的话。小姑娘非常不愿意，说："我不知道应该说些什么。"此时，客人中的一位提议："你听见妈妈说什么了就说什么。"小姑娘点点头，说："天哪！我为什么要花钱请客？我们的钱都到哪儿去了？"听到小姑娘这样说，所有的人都大笑了起来，而费里斯的妻子也羞愧地笑了。

这体现的是孩子式的幽默。小姑娘只是以一种纯真的方式把妈妈的想

法表达了出来，这使得妈妈应当检讨一下自己的想法是否正确，同时也提醒人们不要太在意金钱，毕竟朋友间的情谊是无法用金钱衡量的。

很多人总是在纠结为什么别人有幽默感，而自己没有。其实，这个问题是可以解决的。因为幽默感不是天生的，而是后天习得的。然而，幽默感的形成离不开知识和修养。在与他人交往的过程中，你一定要放轻松，尽量把话说得机智一点。或许刚开始，你会感觉很别扭，但久而久之，你就会习以为常。它给你带来的必然是良好的人际关系。

在现实生活中，培养和提高幽默能力，要注意以下几点：

（1）要仔细观察生活。观察生活，寻找喜剧素材，需要我们善于变换视角，去发掘和表现这些素材。

（2）要学习幽默技巧。幽默不是天生就会的，是后天学习掌握的。许多关于幽默的书籍和先人的经验，都为我们提供了不少范例，值得我们广泛涉猎、借鉴。

（3）要敢于表达幽默。幽默能力只有在表达幽默的过程中才能得到检验和提高，因而积极实践极为重要。选择适当的场合，针对适当的对象，都可显示自己学习的幽默技巧。

但是幽默也要适当才行。如果一味地开一些不着边际的玩笑，说一些有损他人自尊心的笑话，就完全不是有利于关系发展的选择了。所以，幽默也要注意以下几大误区：

（1）不要用他人身体上或相貌上的缺陷来取乐。这会大大地伤害到他人的自尊心，让对方失去自信甚至恼羞成怒，你会不知不觉地被对方拖进不受欢迎的黑名单。

（2）不要和对方以吹嘘式的幽默沟通，你自以为很幽默，但有可能他人觉得你是在自吹自擂，会给人轻浮的印象。毕竟每个人对幽默的理解与接受程度是不同的。

（3）不要和对方一直开玩笑而忽略了谈话的主题与对方的感受。开玩笑虽然能让你更有魅力，但也要懂得察言观色适可而止。有的时候轻松的氛围太浓反而会让他人对你没有信任感，觉得你是个不可靠、不认真的人。

在生活中，那些理解他人的人不会对他人斤斤计较，而是永远保持友好的态度，善良的心态；而善于表达和使用幽默的人，往往能赢得他人的喜爱。所以，幽默的人更容易与他人相处。在平时的工作、学习和生活中，我们往往会遇到一些棘手的问题，并且难以解决，但是如果能使用幽默，问题必然容易得到解决。另外，幽默感还会增强自信心。在很多时候，自信的作用要远远大于能力。在幽默的推动下，我们定能够扬帆起航。

用坦诚的语言打动人

不同的说话态度会招致不同的结果。如果说话态度比较好、容易让对方接受，那么语言就可以促进人与人之间的和谐关系，相反，将会严重破坏人际关系。人的性格可以从多方面表现出来，但最直接的表现方式就是话语。或许有些人说法有点笨拙，但这没有关系，只要是真诚地关心对方，对方就一定能在话语中感受到他对自己的关心。相反，如果仅仅是说一些溢美之词，即使口才相当好，但仍然给人虚伪的感觉。所以，在交流中，最重要的就是真诚。

如果想要把生意谈成或者是想让对方接受自己的建议，在交流的时候一定要态度真诚，这样不仅让人更容易接受，还能更好地达到自己的目的。说一些让对方感觉比较顺耳的话，是尊重对方的表现。即使还没有切入正题，但好的感情已经建立起来了。此时，双方更容易达成共识，更好地合作。

当松下电器只是一家乡下小工厂时，当时的领导松下幸之助做得最多的就是亲自推销产品。当有人讨价还价的时候，他总是会这样劝阻："我的工厂只是一家小厂，并不是大型公司。这些产品都是大家在炽热的铁板上加工制作的。虽然天气非常炎热，但大家即使汗流浃

背，仍然努力工作。如果按照正常的计算利润的方法，价格应当是每件××元。”

对手一直盯着他的脸，听他叙述。听完之后，展颜一笑说：“哎呀，我可服你了。卖方在讨价还价的时候，总会说出种种不同的话，但是你说得很不一样，句句都在情理之中。好吧，我就照你说的买下来好了。”

松下幸之助之所以能够取得成功，原因首先在于他的说话态度非常真诚。当与对方交流时，他一再强调价格是非常合理的，而且也表达了自己不想贪图钱财的意思。与此同时，他传达出的最重要的信息是不能讨价还价。此时，对方肯定能够转换角度，与他成功合作。

松下幸之助的辞藻并不华丽，那到底是什么打动了自己的客户呢？当然是他的真诚以及有感情的表达方式。他用朴素、真挚的语言将自己创业的艰难、员工的辛苦表达得真挚而自然。这必然会引起对方的同情和怜悯。

对方赞叹松下幸之助的话是“句句都在情理之中”。这就表明了松下幸之助的成功也是合情合理、不容置疑的。

说话真诚并不是一种表达技巧，而是如果人要想在社会上立足必须做到的。只要说出的话朴实、真诚，被人接受是非常容易的，而且也会得到对方的信赖。

所以，要想说服别人，一定要有真诚的说话态度，而不是说一些令人讨厌的浮夸之词。另外，在不同的时间、地点面对不同的交谈对象时，一定也要采取不同的说话态度，只有这样才能取得好的效果。

费城的耐佛先生，多年来一直想把燃料卖给一家大连锁店，但是这家连锁店一直向外地购买，运货的路线正是从耐佛先生办公室的门口经过。耐佛先生晚上就在卡耐基的课堂上演讲，并且大骂这家连锁店。

当时看到耐佛先生这样，卡耐基建议他改变战略。为了更好地帮

> 助耐佛先生，他们首先做的就是在课堂上举行一次辩论会。当时的主题就是连锁店的广布对国家的影响。正方的观点是连锁店的广布对国家害多益少。而反方的观点是连锁店的广布对国家益多害少。卡耐基建议耐佛先生加入反方，他同意了。为了收集材料，耐佛先生需要前往连锁店采访那个他从来都瞧不起的经理。由于平时他经常去连锁店推销燃料，所以大家都认识他。但这次他首先强调自己此行的目的是希望从经理的口中得知有关连锁店为国家能带来利益的相关资料，并且表达了自己的谢意。
>
> 耐佛先生接着说："我原先要求这位经理只拿出一点儿时间，所以他才同意见我。当我把事实说出之后，他指着一张椅子要我坐下，并且用了整整一个钟头的时间。他请来另一位主管，这位先生写过一本有关连锁店的专论。他觉得连锁店提供了最真实的服务，他也以自己能够为许多社区服务为荣。当他侃侃而谈的时候，两眼发亮，我也不得不承认他的确让我明白了许多意想不到的事。他改变了我整个人。"
>
> "当我要离开的时候，他送我到门口，而且还祝福我能论辩获胜。他让我在论辩结束之后一定再去看他，无论如何也要告诉他论辩的结果。最后他告诉我来看他的时候一定要选在春天，那时我就愿意买你的燃料。当时我真的特别惊讶，唯独这次我没有提燃料的事情，但是他却提了。后来我才知道原因，那就是因为我关心他们的连锁店，所以他才会关心我的燃料。就这一次谈话却把我心中最大的愿望实现了。"

耐佛先生发现的并不是什么崭新的真理。早在基督降生前一百年，有个罗马诗人帕利里亚斯·赛洛斯就说过："说话真诚，语气亲切随和，不卑不亢，入情入理。"这是成功地打动对方的原因所在。

坦诚的语言是说服别人所必须具备的条件。想要成功说服别人，必须学会坦诚待人。

游戏训练：培养表达能力

语言表达能力是现代人才必备的基本素质之一。在现代社会，由于经济的迅猛发展，人们之间的交往日益频繁，语言表达能力的重要性也日益增强，好口才越来越被认为是现代人所应具有的必备能力。下面这些小游戏，可以增强自己的表达能力。

1. 超级比一比

游戏目的：

看看人们的表达能力。

游戏准备：

人数：最少 10 人，需要 1 ~2 名主持人。

时间：不限。

场地：不限。

材料：写有题目的纸条。

游戏步骤：

（1）分组，每组 5 ~7 人。

（2）一组排开。除了第一人，其余的人皆面向相反的一边，只会看到下一人的后脑瓜！

（3）主持人把写着题目的纸条给第一个人看。

（4）当第一个人准备好后，用 10 ~15 秒的时间传给下一个人看。传前要先拍打下一人的背，好让那人转身面向自己。做动作的人不可用写或出声来表达题目。这样依次传下去。

（5）传到最后一人时，主持人向前询问答案，如果多于半数的人答错，可叫第一个比画的人再比画一次。

（6）每组轮流比画不同的题目。

游戏心理分析：

良好地进行交流沟通是一个双向的过程，它依赖于你能抓住听者的注意力和正确地解释你所掌握的信息。

有了良好的沟通，办起事来就畅行无阻。交流可以让人们之间的关系变得更加密切。在比画的过程中，人们通过肢体语言传递信息，达到了交流的目的。

2. 哑剧天才

游戏目的：

通过非语言表达看人们的理解能力和表述能力。

游戏准备：

人数：不限。

时间：不限。

场地：室外。

材料：书本、听诊器、粉笔。

游戏步骤：

（1）职业表演。让参与者想象一下司机、飞行员、经理、教师等的职业特点，每人选择一个扮演角色。例如，表演医生可以穿上白大褂，脖子上挂上听诊器，为别人看病、打针。表演教师可以夹着书本和拿着粉笔，这是很直观的表达；也可以给别人上课，这是行为的表达。看看谁的角色扮演得好。

（2）故事表演。主持人先给参与者讲一个故事，故事的情节不宜太复杂，人物最好一两个。让参与者先复述一遍故事，不要纠正、补充遗漏的部分；再请他不用语言，将故事表演出来。表演者可以扮演其中的一个角色，请别人扮演其他的角色；也可以自己同时扮演几个角色，这个难度更大。

（3）无声电影。电影的高潮部分一般更多的是靠表情和姿势表现的。在有声电影出现之前，无声电影同样表现了故事的情节和人物的情绪。截取某部电影中的一段情节，请参与者不用语言，表演出电影情节的内容。在选择故事或电影情节时，最好是适合表演的，不要太深奥、玄幻。因为是哑剧，所以需要对所要表演的故事或形象等有更深的理解，需要更强的非语言表达能力。

游戏心理分析：

人类具有丰富的非语言表达能力。人们通过肢体语言能很好地将自己的情绪和状态表达出来。从人们的非语言表达中，我们可以看出自己的理解力。只有做到正确的表述，人们才能获得准确的理解。

语言能力是我们提高素质、开发潜力的主要途径，是我们驾驭人生、改造生活、追求事业成功的无价之宝，是通往成功之路的必要途径。

游戏练习：培养沟通力

沟通是人类集体活动的基础，是人类存在的前提，是人际情感的基石。良好的沟通才可以造就健康的人际关系。下面介绍一些沟通与交流的小游戏，以便培养你的沟通力。

1. 登黄鹤楼

游戏目的：

学习如何制造双赢的局面；增强彼此之间的沟通；启发创意。

游戏准备：

人数：不限。

时间：不限。

场地：没有障碍物的空地。

材料：长竹 3 支（10 尺长，3 寸粗）；短竹 3 支（6 尺长，3 寸粗）；绳子 10 条（10 尺长）。

游戏步骤：

（1）先将人们分成两组，每组 5 ~ 6 人。先把用具分派给各组，一组发给 2 支长竹、1 支短竹及 5 条绳，另一组发给 1 支长竹、2 支短竹及 5 条绳。

（2）于限定时间内（30 分钟），建立一个离地一尺、足以支撑其队员的架子。

（3）队员站在架子上维持10秒，队员身体不能触碰地面。

游戏心理分析：

通过这个游戏，可以让大家学会合理地运用资源。面对一些困难，转换一下思路，突破原来思维的局限性，人们很快就能找到新的出路。在与人合作的时候，交流和沟通是人们解决问题的前提。交换彼此的想法和意见，对激发人们的创新思维很有帮助。

2. 转勺子

游戏目的：

增进人们之间的交流和了解。

游戏准备：

人数：不限。

时间：不限。

场地：室内。

材料：需要准备一个勺子或其他能够起到转动定向作用的物品。

游戏步骤：

（1）通过转勺子或者可以转动定向的东西首先确定一个人，作为回答问题者。

（2）再进行转动，找到两个或三个提问者。

（3）提问者每人提一个问题，由回答者回答，要求回答到提问者满意为止。

（4）回答结束后进入下一轮。

游戏心理分析：

人与人之间需要沟通和理解，我们在沟通中获得和给予这种认可，从而获得心理满足并满足他人，同时将其转化为心理能量。该游戏中的这种信息传递方式，代表着接受、兴趣与信任，是开放式态度的一种体现。这种游戏也意味着要控制自身的情绪，克服思维定式，做好准备积极适应对方的思路，更好地理解对方的话，并及时给予回应。

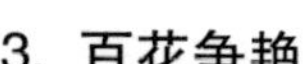

3. 百花争艳

游戏目的：

帮助人们消除拘谨情绪，增进沟通。

游戏准备：

人数：30～50人。

时间：15分钟左右。

场地：空地。

材料：奖品。

游戏步骤：

（1）让所有的参与者务必记住以下每种花对应的数字：牵牛花1；杜鹃花2；山茶花3；马兰花4；野梅花5；茉莉花6；水仙花7。

（2）游戏开始，主持人击鼓念儿歌。主持人的儿歌随时会停止，当主持人喊到“山茶花”时，场内的参赛者必须迅速围成3个人的圈；当喊到“水仙花”时，要围成7个人的圈；当喊到“牵牛花”时，只要1个人站好就可以。凡是没能够与他人结成圈，或者围成的圈人数不对的，都被淘汰出局。

（3）等到圈内剩余人数只有5人左右时，游戏即停止，这些剩余的人即可获得奖品。

游戏心理分析：

如何才能拥有好人缘呢？俗话说得好，牵牛要牵牛鼻子。这人缘的事，只要贴近了人的心，就八九不离十了。也许有人会说，人心隔肚皮，哪能说贴就贴。看过了太多人世间的尔虞我诈，很多人早已忽视了“真诚”二字。其实，这简单的二字，便是让人心贴心的强力胶。

自我坚持30天：口才训练方法

要想使自己成为一个能说会道的说话高手，只看前面的实例与方法是不能提高自己的口才能力的，应制订一个详细的练习计划，坚持每天的练习，不久你就能拥有一个像诸葛亮那样能够舌战群儒的“三寸不烂之舌”。

1. 积极心态训练

（1）自我暗示：当清晨醒来之后，就要对自己进行积极的心理暗示：“我一定要大胆地发言、大胆地说话、流畅地演讲。我能做到，我能行!”这样就可以起到很好的作用。如果可能的话，平时也要尽可能地暗示自己。

（2）想象训练：至少 5 分钟想象自己在公众场合成功的演讲，想象自己成功。

（3）至少 5 分钟在镜前学习微笑，展示自己的手势及形态。

2. 口才锻炼

如果可能的话，每天进行深呼吸训练至少 10 分钟。

抓住一切机会讲话，锻炼口才。如尽量多地与他人进行思想交流；每天大声朗诵或大声演讲；每天训练自己“三分钟演讲”一次或“三分钟默讲”一次；每天给亲人、同事讲故事或者是完整地叙述事情；注意讲话时的一些技巧。

说话的技巧主要包括：在讲话前，深吸一口气，平静心情，面带微笑，眼神交流一遍后，开始讲话；勇敢地讲出第一句话，提高声音，放慢速度，说短句，语句中间不打岔；当发现紧张卡壳时，停下来有意识地深吸口气，然后随着吐气讲出来；如果表现不好，自我安慰：“这没什么，继续就可以”；同时，用感觉和行动上的自信战胜恐惧；紧张时，可以做放松练习，深呼吸，或尽力握紧拳头，又迅速放松。

3. 辅助锻炼

（1）每天至少 20 分钟阅读励志书籍或口才书籍，培养自己积极心态，学习一些技巧。

（2）每天放声大笑 10 次，乐观面对生活，放松情绪。

（3）训练接受他人的视线、目光，培养自信和观察能力。

（4）培养微笑的习惯，要笑得灿烂、笑得真诚，锻炼亲和力。

（5）学会检讨，每天总结得与失，写心得体会。每周要全面总结成效

及不足，并确定下周的目标。

4. 幽默训练

方法内容：如果可能的话，尽量找短的笑话，把它背熟，然后试着讲出来，越幽默越好（选择简短的笑话是为了便于记忆，使自己更有成就感。如果他人找到了笑话，你也可以跟着练，也可以自己打在《每日笑话》里自己跟自己的，反正这个《每日笑话》就是集中笑话由每个人选择去练的）；每天务必在工作或生活中找到一个东西适时的幽默一下。最好就是当众幽默，实在不行事后自己也可以自嘲幽默补一下。该法坚持一个月，你会发现心境也不同了。

自我暗示：要多进行积极的心理暗示，如“我一定要使自己的口才变好，而且通过努力，也一定会成功的!”另外，可以想象自己在公众场合进行演讲，而且获得了大家的认可和好评。在日常生活中，要不断放松自己，这样可以使自己乐观地面对生活中的任何事情。

形态训练：至少5分钟在镜前学习微笑，展示自己的手势及形态；培养微笑的习惯，要笑得灿烂、笑得真诚，锻炼亲和力；训练接受他人的视线、目光，培养自信和观察能力。

话题信息：在日常生活中，我们可以通过看电视、看报纸、看杂志、看书、交谈、观察等增加我们的信息量。拿一个本子，把在这些活动中听到、看到、想到的趣事、要事、重要观念、好句子等记下来或剪贴下来，然后一天记下一两句或一两件趣事。在记忆东西的同时，要思考那些观点与概念。有了一个深思的过程，谈起来就得心应手了。

以上的这些步骤，如果能坚持一个月，你就是口才高手。

测一测　沟通能力自测

为了测试自己的沟通能力，回答下列问题。

1. 在和别人交谈的时候，是否觉得自己的话常常不能被人正确理解？（　　）

A. 常常是　　　B. 有时是　　　C. 很少

2. 和与自己观点不同的人交流时，你是否会觉得对方的思想很怪异？(　　)

A. 从不　　B. 有时是　　C. 经常是

3. 在与人谈话的时候，如果你对正确理解别人的观点没有把握，你是否会请对方明确解释？(　　)

A. 总是　　B. 很难说　　C. 一般不会

4. 你在开会或上课的时候，你是否能够专心听讲？(　　)

A. 一般会　　B. 很少　　C. 几乎不

5. 如果一个同事或同学对一个你看起来很无聊的笑话大笑不止，你会觉得他（她）无聊吗？(　　)

A. 会　　B. 难说　　C. 不会

6. 如果别人在回答你的问题时很含糊，你会重新把自己的问题再说一遍吗？(　　)

A. 会　　B. 有时会　　C. 不会

7. 在一次会议上，老板（老师）说出了一件错误的事情或者根据错误的信心得出了一个错误的论点，你会站出来反对吗？(　　)

A. 经常会　　B. 偶尔会　　C. 不会

8. 在一次会议中，有人反对你的观点，你认为他（她）是反对你这个人本身吗？(　　)

A. 不是　　B. 可能是　　C. 一定是

9. 在通知别人一件事时，你喜欢用发手机短信的形式代替打电话吗？(　　)

A. 喜欢　　B. 觉得无所谓　　C. 不喜欢

10. 你不同意一个人已经发表的谈话内容时，是否还会认真听下去？(　　)

A. 是　　B. 难说　　C. 不会

计分方式：

每个问题选择 A 计 2 分，选择 B 计 1 分，选择 C 计 0 分。

测评解析：

0~12分：说明你的沟通能力较差，必须加强这方面的学习。

13~16分：说明你的沟通能力一般，仍需继续学习和锻炼，不断提高自己。

17分以上：说明你的沟通能力很强。

这个评价并不是对你的沟通能力的一个准确衡量，而是一种定性的评估。你的得分表明你目前的沟通能力，而不表明你潜在的沟通能力，只要不断学习，积极实践，就一定能够提高自己的沟通能力。

第十章

扩大你的交际圈

——拉近你与他人之间的距离

有这样一句话：没有交际能力的人，就像大海中没有帆的小舟，永远到达不了人生的彼岸。这句话虽然简单，但却富有哲理。这句话充分说明了一个道理，在生活中，无论你个人的财富多么雄厚，你的条件多么好，如果没有良好的人际关系，那么你就无法得到真正的成功，自然就不会拥有真正幸福的生活。

人脉兴，运气旺，事业成

这个世界上什么最值得投资？能源、股票、房地产，还是黄金？抑或其他？或许你想从中选出个答案，但如果你看了下面这句话，你就会放弃上面这些投资项目了。20世纪最伟大的心灵导师——戴尔·卡耐基说：“专业知识在一个人成功中的作用只占15%，而其余的85%则取决于人际关系。”有人就有一切，为了自己的事业，赶紧做好人脉投资吧！

关系网是我们最值得开采的无价宝藏。在如今的工作中，越来越多的人已经认识到人脉资源对自己的事业是多么的重要，同时，这也是成功人士给我们的经验。曾经担任美国某大铁路公司重要领导的史密斯说：“铁路的95%是人，5%是铁。”而不断对社会关系进行研究的美国成功学大师卡耐基说：“在一个人的成功中，专业知识仅占15%，而其余的85%取决于人际关系。”因此，从事各行各业的工作者如果学会了处理人际关系，离成功就只有一步之遥了。所以，美国石油大王约洛克菲勒曾经的“我愿意付出比天底下得到其他本领更大的代价，来获取与人相处的本领”的言论就不容置疑了。

在医学上强调的是身体的血脉相通，同样，事业成功离不开通畅的人脉关系。因此，想要成功的人必须努力营造一个对自己有所帮助的人脉关系网。这个关系网包括自己与家庭成员、亲友、同事、客户……所有的这些都关系着我们的事业。如果一个有知识、才能的人缺乏良好的人际关系，那么距离成功也是非常远的。

无论是在学习、工作还是生活中，人脉是推动我们成长的重要因素。

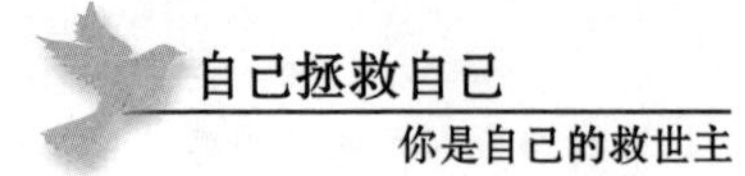

众所周知，火箭的发射需要助推器。同样，人的成功也需要一个助推器——人脉。

大家可以想象一下，一个有着最好的能力、最好的产品的人却不认识任何人，如何做到出售商品赚钱？很多人总是在抱怨“为什么我就挣不到大钱”，其实这与自己的人脉不广有很大的关系。一般来说，人际关系与幸福是成正比的，人脉广、认识高层的人越多，成长的速度越快，挣大钱的概率也会越大，走向幸福快乐生活的机会也就越多。

因此，在一定程度上，工资水平之间的差距也就是人脉的差别。我们应抓住一切机会建立自己的人际关系网。很多人经常为“如何扩展自己的交际面”而感到苦恼，其实这种机会到处都是，只是我们没有注意罢了。

如果从现在开始每遇到一个人，你都能对他（她）足够重视，相信在不远的将来会有“馅饼”砸到你自己。

如果一个人既有雄厚的经济实力，又有优良的产品与先进的技术，那么，如果他想拓宽市场，赚大钱，最重要的事情就是广交好友，建立人脉关系网。

如果到目前为止，你跟所有认识的人都保持着良好的关系，那你现在一定是一个不俗之辈。无论在各方面都能顺利，这与你自身的人脉是很有关系的。一般来说，你认识多少人和多少人认识你都会影响你的成长速度。

我们应该相信，任何人对我们都会有帮助，我们在任何地方都能展翅翱翔。在我们的日常生活中，无论遇到什么样的人，都把他（她）当成是激励自己前进和成长的“推手”，认真对待每一个人对自己提出的建议和意见，并不断改进。同时，积极加入社团，培养与他人协作的能力，并且保持长期联系，只有这样，我们才能建立起自己的人际关系网，才会不断从中受益。因为，别人的成长需要你的帮助，你的成长需要别人的指点。在这个过程中，大家都得到了锻炼和进步，为未来的发展打下了坚实的基础。

人脉， 事业发展的情报站

21 世纪是信息社会，在这个信息发达的时代里，谁最先拥有第一手资料，得到的信息越多，谁就会拥有无限发展的可能性。信息来自你的情报站——人脉关系网。你的人脉有多广，情报就有多广，这是你实现财富无限累积的重要平台。

商场上称信息为“情报”。一个生意人怎样获得发展财富必需的情报呢？一般而言，获取“情报”的方式有三种：第一，通过读书充实自己的知识，深入了解所接触行业的特征、趋势等信息；第二，通过每日报纸、网络资源得到最新的资讯，掌握第一手材料；第三，通过朋友、同学等的关系获取信息，或者直接将信息转化为“生产力”。

对于生意人而言，在获取情报时更重视第三种方式——通过人得到自己所需要的信息。那也就意味着人脉越广，人们所得到的情报也就越多，因此，越是一流的人才，越重视这种“人的情报”，越能为自己的财富积累带来更多的方便。

在南存辉先生（现任正泰电器总经理）上中学的时候，由于家境变化（父亲在生产劳动中意外受伤），最后不得不辍学回家挣钱养家，做了一名小鞋匠。在接下来的时间里，由于他修鞋的技术非常好，所以很多人都喜欢找他，久而久之，他们关系交好。在这个过程中，南存辉结识了很多走南闯北的生意人。在与他们的交谈中，南存辉得知现在很多人在国家政策的允许下开始进行个体经营了。在他身边，很多经销电器产品的商店生意非常好。当时五金电器短缺的状况启发了他。南存辉感觉到这为自己提供了创业机会，于是他放弃了从事已久的修鞋行业，与几个朋友一起筹钱加入电器行业。经过十几年的发展，当时的一个小小的电器门市部已经变成现在的大型企业集团。

在与朋友的交流中，南存辉获取到了市场信息，准确地踏入“电器”这个行业，最终赢得了自己的财富。

人脉就是这样一种传递信息的特殊“媒体”，并且这种口碑效应远比广告更加令人信服和更加有效地传播。

一旦你与他人共同建立起一个庞大的人脉网络，你就会发现它对你的作用是如此之大。这个网络不仅赋予了你管理自己生活的能力，还能让你在不断变化的生活中如鱼得水。现在的社会是一个国际化、信息化社会，仅靠个人思考是无法实现大发展的，甚至还可能造成“灭亡”，因此，与他人共享是最好的策略。然而共享离不开优良的人脉关系网。因此，要想在如今的社会中有大的发展，我们必须要努力去建立、拓展人脉。只有这样，财富才能源源不断地来到我们眼前。

投资人脉： 成功离你就不远了

投“人”之法，中外通用，尤其在物欲横流的今天，更不例外。我们知道，你要想更快、更多地赚取利润，唯有通过投资。有的人会说“我可以通过我的智慧和劳动力赚钱”，这不无道理。但是这只是小本事，赚点小钱还可以，赚大钱不太可能。所以，要想成大器就要投资人脉，这是亘古不变的真理。

不信邪，为什么别人能发财，偏偏就你不行？汉高祖刘邦本是市井小民，却得到张良、萧何、韩信相助，平定天下；宋江一平庸小吏，竟啸聚梁山，一呼百应；清代最有钱的商人胡雪岩，打当小伙计时就知道为自己铺就人脉和财路。人脉是成大事者无往不利的法宝，就连股神巴菲特都不例外。

“投资的第一条准则是不要赔钱；第二条准则是永远不要忘记第一条。”这是沃伦·巴菲特经常说的一句话。从字面意思上看，这无疑是正确的，但是，越来越多的投资者开始意识到，他们无法复制巴菲特。

巴菲特的投资秘诀为什么知易行难？因为巴菲特成功的一些关键性要素，如长期稳定的现金流、特定的历史条件以及美国企业成熟规范的经营模式，这些都不是靠模仿就能获得的。最让人们无法理解的是，投资必然伴随着风险，股神怎么避免买错股、被套牢，最后赔钱？其实，巴菲特成功的秘密除了拥有高超的投资技巧和先进的投资理念，还有他的人脉优势以及充分发挥人脉作用的能力。

首先，巴菲特家族拥有广泛的人脉网。巴菲特的祖父欧内斯特曾担任奥马哈扶轮俱乐部的主席，属于地方名流。而他的父亲霍华德曾当选美国国会议员，还是一名出色的股票经纪人。可以说，巴菲特既富且贵的家世背景为他的成功奠定了良好的人脉基础。

其次，巴菲特师从于著名投资学理论学家本杰明·格雷厄姆；当他阅读了菲利浦·费舍的《普通股与不普通的利润》后，又马上去拜访费舍——这两位学者的理念是巴菲特投资哲学的基础。另外，他还向劳伦斯·彭博、约翰·威廉斯、罗德·肯尼士、艾格·史密斯、查尔斯·芒格等人学习。可见，巴菲特真正宝贵的财富是通过向成功者和专家学习获得的，他主动靠近他们，不仅成为其中的一员，甚至是最杰出的一位。

最后，巴菲特成功的核心秘诀就是他自己常说的一句话，“成功的关键就是与成功者为伍”，这一点在他求学问道的过程中已经得到充分的体现。然而，这句话还有一层更重要的意思往往会被人们忽视，那就是，如果与你为伍的人并不成功，就应该帮助他们成为成功者。

弄清楚了这个问题，你就会明白巴菲特为什么能只赚不赔。人脉就是股神的保护网，总能在关键时刻帮他反败为胜。

1987 年，罗纳德·佩雷尔曼要收购南非采矿联合公司拥有的所罗门兄弟公司 14% 的股份。所罗门公司为了抵制这个恶意收购，开出优厚条件邀请巴菲特来充当“白马骑士”（即让巴菲特购买公司股票，和所罗门公司一起抵制佩雷尔曼的收购）。然而，1991 年的违规投标国债事件使所罗门兄弟公司受到致命打击。巴菲特迅速采取行动，自己担任公司总裁，与政界人士进行多方交流，最后保住了所罗门兄弟公司的承销资格，令其没有丧失市场地位。一年后，担任了9个月公司总裁的巴菲特辞职了。所罗门兄弟公司的股价比巴菲特就职之前足足涨了约30%。

表面上看，巴菲特通过直接治理公司来拯救他的同行，但在关键环节发挥威力的并非他的投资技巧和管理方法，而是强大的人脉。他随时向困境中的伙伴伸出援手，利用人脉来帮助他人，实现了人脉的滚雪球效应，同时也让自身的影响力无限扩大。

财富和人脉力相得益彰，互相刺激和提升，这对巴菲特来说，其意义远远大于投资一只潜力股。如果你不相信只有别人发财，希望自己也像巴菲特一样成为财富赢家，那么，从现在开始，就要掌握科学的方法建立人脉，学会和他人分享，那样成功离你就不远了。

洞察人心术——社交场合必须要知道的读心术

俗话说：量体裁衣，看人说话。在繁冗复杂的关系网里，我们要协调处理好方方面面的事情，绝非易事。此时，学会察言观色，灵活地采取行动就显得尤为珍贵。可以说，察言观色不仅是一种征服人心的艺术，一种卓越的人生资本，更是你游刃职场、驰骋疆场一生都用之不完的财富。

1. 面部表情破解对方心理密码

有一部分人夸张地把社交场比喻为“战场”。那么，要想成功地获取“战斗”的胜利，就一定要知己知彼。因此，学会探知对方的心理活动是很有必要的。与别人交流的过程中，我们可以通过对方的面部表情来捕捉对方的心理活动。如下这些“脸语”是较为容易读懂的。

如果感到羞涩或者是激动，脸上一般会泛红晕；而如果生气、愤怒或受了惊吓而异常紧张，脸色一般是发青发白。

如果是不同意、烦恼，甚至是盛怒，一般是皱眉；而表示兴奋或者是

惊奇就会扬眉；如果表示欢迎或者是加强语气，就会闪动眉毛；如果是惊讶或者是悲伤，耸眉的动作出闪动慢，眉毛扬起后短暂停留再降下。

假若是表示和谐宁静、端庄大方，通常都会闭拢嘴唇；假若表示疑问、奇怪、有点儿惊讶，嘴唇通常呈半开状；假若是惊骇，嘴唇往往就会全开；假若表示善意、礼貌、喜悦，嘴唇一般会上扬；假若表示痛苦悲伤、无可奈何，嘴唇通常会下弯；假若表示生气、不满意，就会不自觉地撅起嘴唇；假若表示愤怒、对抗或下定决心，嘴唇一般就会绷紧。

愉快的表情在日常生活中到处可见，它的特点是：嘴角向后方微拉；面颊向上展；眉毛平舒，眼睛眯小。

不愉快的表情，它的特点是：嘴角微微下垂；面颊向下拉，变得细长；眉毛深锁，皱成“倒八字”。

从表情上，能够一眼洞察别人的内心动机，是“相面”的高手，也是掌握交际主动权的高手。

现实中，不是每个人都能从脸部表情看透人心的，这种能力是要通过努力的学习和长期的实践才能得到的。它不是雕虫小技，而是一种极其重要的看人、做人、结交人的本领，发现并掌握它，能帮助你做一个左右逢源、受人喜欢的人。

2. 衣着打扮中的性格窥视

我们身边的人，有不同的衣着打扮，你是否注意到他们的打扮正反映着他们的性格？

（1）套装型

如果在生活中，经常看到穿西装的男士和经常穿套裙的女士，你应该明白他们肯定做事有条不紊，永远把事业放在中心位置。但是也有例外，那就是不得不穿套装工作的人。

（2）潮流型

喜欢穿潮流衣服的人往往站在潮流尖端，选择衣服不是依据自己的风格，而是依据它们是不是流行。总之，流行什么穿什么。个性和优点在这种人身上无法体现，他们只是希望从衣着上体现自己的与众不同。要想使这样的人高兴，就得夸奖他们的衣服时尚，认为他们是“时尚达人”。

（3）运动型

喜欢穿运动服的人一般都喜欢运动，而且会有充沛的精力。在生活和工作中，他们积极主动。即使失败了，恒心和毅力也会支持着他们重整旗鼓，迎接新的挑战。所以，这种性格的人令人信赖。如果想跟这种类型的人交朋友，最好的办法就是喜欢运动。

（4）舒服型

有些人喜欢穿休闲服饰，他们不追求时尚，但要求合体舒适。生活中的这些人往往随遇而安，对什么事情都没有特别的要求。他们不喜欢麻烦人，但喜欢帮助人，所以容易赢得好的人缘。如果想与这样的人交朋友，就要多关心他们。

（5）名牌型

买衣服只讲求名牌，不是名牌就不穿的人，一种是娇生惯养，家里比较富有；另一种是扮高贵，要令人觉得自己富贵。这两种人的自尊心非常强，非常爱面子。他们一方面很挥霍，不觉得钱是什么东西，另一方面，他们最重要的就是缺钱，因为没有大量的金钱，就无法支撑他们的生活。如果与这类型的人在一起，一定不可以送便宜的东西给他们，因为这种人真的很现实。

纵然生活中的每个人都有自己的穿衣风格，但在很多时候也是需要改变的，这与出现的场合很有关系。例如，一个喜欢穿运动服的人在出席正式场合的时候也要穿西装打领带，因为这是最基本的礼貌问题。所以，关于人的穿衣问题还是要具体事情具体对待。

3. 手提包，拿在手中的心情

我们在工作中会接触到形形色色的人，在与他们见面的时候会见到他们所拿的提包。我们可以根据提包的式样来判断对方是一个什么样的人。一般来说，选择的提包比较大众化的人，其性格也比较大众化，或者说没有什么特别鲜明的、属于自己的个性。他们在很多时候都是随大溜，大家都这样选择，所以他也这样选择，没有自己的看法，目光和思想都比较平

庸和狭窄。

想做一个人脉达人，从提包上准确判断对方，需要掌握下面的一些知识。

（1）喜欢休闲式提包的人

喜欢休闲式提包的人所从事的工作往往具有很大的收缩性，并且也有非常大的自由活动空间。另外，据观察，这种类型的人一般都懂得享受生活。他们往往能做到随遇而安，对自己和他人都不会有苛刻的要求。但这不代表他们没有上进心，相反，这代表的是他们积极乐观的生活态度，有着切合实际的奋斗目标，对任何事情都安排得井井有条，工作与休闲并重，什么都不耽误。

（2）喜欢公文包的人

如果你身边有喜欢提公文包的人，想必他的工作是非常正式的。要么是某个企事业单位的总经理，要么是一个正规单位的普通职员。公文包代表了他的工作需要，但也能从侧面反映一个人的处事风格。这种类型的人一般做事谨慎，对自己和他人要求苛刻，且相比之下，对自己的要求更高。

（3）喜欢方形提包的人

在时尚界，很多人都会提有小把手的方形或长方形的手提包，其实它不能当作正常的包来使用，只是一种装饰品。喜欢这种提包的人，无论在生活中还是工作中，往往是顺风顺水，没有经历什么大灾大难。

（4）喜欢肩带式手提包的人

那些有着独立性格的人往往喜欢中型肩带式手提包。虽然能够在很多事情上做到独立，但在一些言谈举止方面是非常保守的。他们有一定的自由空间，生活相对安逸。

（5）喜欢小巧精致的手提包的人

在现实生活中，我们发现小女孩喜欢小巧精致但不实用、装不了什么东西的手提包。有时候也能发现上了年纪的妇女使用。这体现出了她们积极乐观的生活态度，憧憬着美好的未来。

（6）喜欢中性色系手提包的人

喜欢中性色系手提包的人，其表现欲望并不是很强烈，他们不希望被人注意，目的是缓减压力。在对待别人方面，也喜欢保持相对中立的立场。

（7）不习惯于带手提包的人

然而也有很多不喜欢带手提包的人。这种人的性格不能泛泛而论，应当区别说明。不带手提包的无非有两种人，一种是比较懒惰的人，认为拿包是一种负担；另一种则是认为手提包会给自己很多事情带来不便，有着较强的自主意识。然而两者的相同之处就是都认为提包是一种负担，但同时也会给人以不负责任之感觉。

魅力提升术——你的吸引力由你的品质决定

在公众场合中一个人的形象和一些礼仪是非常重要的，好的外部形象给人一种干净整洁的印象，得当的礼仪，哪怕是简单的一个细小的动作，都能折射出一个人的涵养与品质。在社交中要想永远给别人留下好的印象，懂得一些常识性知识，可以让你在社交中事半功倍。

1. 怎样穿衣

着装要赢得成功，进而做到品位超群，就必须掌握三大要领。

（1）应己着装

所谓应己，即要求在选择着装时要因人而异，使所穿服装与自己的身体条件相适应。具体而言，应己原则应围绕性别、年龄、肤色、形体四大条件展开。

①性别。男着男装，女着女装，这是人人都应具有的基本常识。值得注意的是，服装中性化趋势日益明显，许多服装已成为男女的共同选择。更有一部分人崇尚男服女穿、女服男穿，俨然成为一种时尚。对于想广泛吸引人缘的人脉达人来说，是绝对不能追随这种趋势与潮流的，还是应该以保守而正确的穿法，体现自己性别的独特魅力。

②年龄。不同的年龄对着装有不同的要求。在选择着装时，务必要考虑到自己的年龄因素，使自己的着装与年龄相符。否则，便会贻笑大方。

③肤色。所穿服装还应该与自己的肤色相协调。尽管绝大多数中国人都是黄皮肤，但具体到个人来讲，肤色是同中有异的，因而对服装颜色也有着不同的要求。例如，肤色白净者，适合穿各色服装；肤色偏黑或发红者，忌穿深色服装；肤色黄绿或苍白者，宜穿浅色服装，等等。

④形体。人有高矮胖瘦之分，具体到身体各部分还有标准与不标准之别，这就是个人形体条件的差异。不同的形体条件应当选择不同的着装，例如，个矮的人适宜穿浅色、暖色和艳色的服装，尽量避免穿深暗、灰浊颜色的服装，并且全身服装色调最好相同或相近以修长身形，如果色彩搭配对比太强烈，个子就会显得矮；体型娇小玲珑的人，穿着深色的衣服，会显得更为瘦小，不妨选择淡色或有小型花纹且质地柔软的衣服；体型矮小而丰满的人，只要在上半身或下半身的某个部位裁剪得贴身合适，其他部位则可以略显宽松，这样可使身体的感觉衬托得更为平衡，而蓬裙或长裙会显得更为矮胖，所以在穿裙子的时候，应该尽量选择合身的短裙。总之，人脉达人在穿着方面，应该尽量表现得清爽而且充满活力，这样才能获得好人缘。

（2）应事着装

所谓应事，即要根据自己所要办理的事情的不同而选择不同的着装，使自己的着装与所办的事情相配合、相呼应。

在欢度节日或纪念日、结婚典礼、生日纪念、联欢晚会、舞会等喜庆场合，服饰可以鲜艳明快、潇洒时尚一些。一般来说，在正式的喜庆场合，男性服装均以深色为主，单色、条纹、小暗格都可以，女性可以选择适合自己的色彩鲜艳的服装。

在庄重场合，例如参加会议、庄严仪式、正式宴会、会见外宾等隆重庄严的活动，服饰应当力求庄重、典雅。凡是请柬上规定穿礼服的，应按规定着装。庄重场合一般不宜穿夹克、牛仔，更不能穿短裤或背心。

正式场合的衣着应当严格符合穿着规范。男子穿西装，一定要系领带。西服应熨平整，裤子要熨出裤线，衣领、袖口要干净。女子不宜赤脚穿凉鞋。懂得尊重场合的人，就是懂得自尊的人，给人留下做事讲究的印象，就会吸引同样的人来跟自己认识了。

(3) 应时着装

所谓应时，就是要根据季节、时间来选择合适的服装，而不是一味地追求时髦。一般情况下，夏天的着装应主要体现凉爽、轻柔、简洁，无论是服装的色彩还是款式，在使自己舒适的同时，也要给他人产生视觉和心理上的良好感受。而在冬季主要强调保暖、轻便，不仅要避免过于臃肿，也要避免过于单薄，给他人带来不适之感。如果选择裙装，夏天应选择面料轻薄的，冬天应选择面料厚实的。而在春秋两季可在多范围内进行选择。

在服装颜色的搭配上，一定也要特别注意。因为色彩在人的知觉中是最敏感的。随着服装文化和人类审美文化的不断发展，各种色彩被赋予了不同的含义。在礼仪方面，人们对色彩也有了共识，并不断传承和发展。在选择服装色彩和进行服装搭配时，一定要根据这种共识标准去选择，只有这样，才会取得意想不到的结果。

2. 怎样打电话

在职场交往中，接电话时拿起话筒所讲的第一句话也有一定的要求，常见的有以下 3 种形式：

(1) 以问候语加上单位、部门的名称以及个人的姓名，这最为正式，例如，“您好！××公司财务部吴语。请讲。”

(2) 以问候语加上单位、部门的名称，或是问候语加上部门名称，这适用于一般场合，例如，“您好！××公司人事部。请讲。”“您好！人事部。请讲。”后一种形式，主要适用于由总机接转的电话。

(3) 以问候语直接加上本人姓名，这仅适用于普通的人际交往，例如，“您好！金士吉。请讲。”

需要注意的是，在商务交往中，不允许接电话时以“喂，喂”或者“你找谁呀”作为“见面礼”。特别是不能一张嘴就毫不客气地查对方的

“户口”，一个劲儿地问人家“你是谁”或“有什么事儿”。

3. 怎样握手

握手时，距对方约一步远，上身稍向前倾，两足立正，伸出右手，四指并拢，虎口相交，拇指张开下滑，向受礼者握手。一旦你的手与别人的手握在一起，你的拇指与其他四指都应该全部与对方的手握在一起。但是，在现实生活中，常常会有这样一种握手姿势：掌心向下握住对方的手，显示出一种强烈的支配欲。这会无声地告诉别人，自己处于高人一等的地位。所以，当你在人际交往的时候，应尽量避免这种傲慢无礼的握手方式。相反，你应掌心向里地向对方握手，进而显示你对对方的恭敬。如果伸出双手，更是谦恭备至了。平等而自然的握手姿态是两手的手掌都处于垂直状态。这是一种最普通也最稳妥的握手方式。

握手时不要太用力，也不要漫不经心地用手指尖如“蜻蜓点水”似的点一下，这样都会显示你的无礼。其握手的时间一般控制在三五秒钟以内。如果时间过短，两手一碰就分开，只会让对方觉得你在走过场，并对对方怀有戒心。这样又怎么能博得对方的好感呢?

如果你想表示对对方的真诚和热烈，也可较长时间握手，并上下摇晃几下。值得注意的一点就是，异性或初次见面者除外。否则，只会显得你有些虚情假意，甚至会被对方怀疑为“想占便宜”，等等。

当对方的人数较多，你可以只跟相近的几个人握手，向其他人点头示意，或微微鞠躬即可。如果为了避免尴尬场面发生，在主动和人握手之前，你应想一想自己是否受对方欢迎，如果已察觉对方没有要握手的意思，点头致意就行了。

当你在一些公共场合与对方握手时，其伸手的先后次序主要取决于职位、身份。而在社交、休闲场合，主要取决于年龄、性别、婚否。

但是，如果对方正是你所接待的客人时，这一问题就会变得特殊一些：当客人抵达时，作为主人的你应首先伸出手来与客人相握。而在客人告辞时，就应由对方首先伸出手来与你相握。前者是表示“欢迎”，后者就表示“再见”。这一次序颠倒，很容易让对方产生误解。

另外，应当强调的一点是，上述握手时的先后次序不必处处苛求于人。如果自己是尊者或长者、上级，而位卑者、年轻者或下级抢先伸手时，最得体的做法就是立即伸出自己的手，进行配合，而不要置之不理，使对方当场出丑。

同时，握手最基本的礼貌是一定要用右手。在包括印度、印度尼西亚等在内的一些东南亚国家，在与他人接触时从来不用左手，因为在他们看来左手是用来解决个人问题的。而如果是用双手握手，一定要先用右手与他人相握，然后再把左手搭在别人的手上，这足以体现出对对方的尊重。

总之，在人际交往中，一定要掌握握手的常规礼仪。热情地、真诚地、紧紧地握着对方的手，把自己的力量、诚意展现并传递给对方，促使对方感受你的真诚。

规则应用术——你不得不懂的人情世故

在人情交际中，个个非等闲之辈，做人靠智谋，处事讲方圆。在真真假假、你来我往中，人生就如同一场没有硝烟的战争，在尔虞我诈、钩心斗角、重重机关下，你能否看清深藏其中的规则，悠然游弋于人情世故之上？也许，你的一次不经意的退让，便可以春风化雨般地助你恢复形象，赢得赞美和意外的人情力量。

1. 以方做事，以圆做人

古埃及阿克图国王在一次酒宴中对他的儿子说："圆滑一点儿，它可使你予求予取。"

在处世交际中，方得有棱有角，容易磨损，甚至是头破血流，株连九族，代价不菲。因此，在守方的基础上，圆滑一点儿，没错。方圆的本质是要在平和的基础上，做到坚持原则，知变圆通。

真正的"方圆"之人是大智慧与大容忍的结合体，这样的人既不乏刚烈勇猛，亦有沉静与智慧。真正的"方圆"之人能对大喜悦与大悲哀之事泰然不惊。真正的"方圆"之人，行动时干练、迅速，不为感情所左右；

退避时，能审时度势，全身而退，而且能抓住最佳机会东山再起。真正的“方圆”之人，没有失败，只有隐忍，且是面对挫折与逆境时为了积蓄力量东山再起的隐忍。

做人要方。每一个行业都有自己不可逾越的行规。比如，做官就要奉守清廉的原则，否则这官绝对当不长久。为商就要奉行一个“诚”字。真正的大商人必是把诚信放在第一位，绝不会行狡诈、欺骗之伎俩，为一些蝇头小利或眼前得失而失信于天下。

做人要圆。这个“圆”绝不是圆滑世故，更不是平庸无能，而是圆通，是一种宽厚、融通的大智慧；是与人为善，是居高临下、明察秋毫之后，心智的提高和成熟。不因洞察别人的弱点而咄咄逼人，不因自己比别人高明而盛气凌人；任何时候也不会因坚持自己的个性和主张让人感到压迫和惧怕；任何情况都不会随波逐流、亦步亦趋，而是潜移默化、润物细无声。这需要极高的素质、很高的悟性和技巧，这是做人的高尚境界。

做人方圆两兼顾，方可成大业。水无常形，兵无常势。遇方则方，遇圆则圆，方圆兼济，必有方圆人生。

据说，在平定太平军之后，曾国藩进京面见咸丰皇帝。当时所有的北京人都聚集在车道两旁，希望目睹这位盖世功臣的风采。大家在等待的同时都在想象着这位英雄的相貌。令大家都没想到的是曾国藩竟是一个其貌不扬的糟老头儿。当时很多人都在怀疑如此之貌为什么会有这等荣耀的命运。

不管传说是真是假，有一点是可以肯定的，这就是金陵攻克后，朝廷确实对曾国藩有了防范之心，倘若他不改变自己的性格，仍按照以前的性格办事，肯定会落得和年羹尧一样的命运。因此说，曾国藩的确因改变性格而改变了命运。

如果说“方”是“刚”，那“圆”一定就是“柔”了。是“柔”使他的命运发生了改变，从而成为一名为人所称颂的盖世英雄。因此，在生活中，我们应当尽量做到“刚柔相济”。

2. 学会低头

一个人只有高瞻远瞩，拿得起、放得下，能屈能伸，才能争到主动，才能处危机之变，面对困境或虚张声势，或以攻为守，或将计就计……总之，做人不能忘记给自己一个台阶，要知道，但凡能够低头的人，都会抬头，就像弹簧一样。

无论一个人水平多高，能力多强，只有放下架子，别人才愿意接纳你。

“曲高和寡”固然是一种境界，但是这种情况必然会有一个副产品，那就是孤独。当一个人只是一味地彰显出特立独行的个性时，能够与之相配的人只会越来越少。锋芒不露，可以说是交际达人所必备的条件。只有学会放低姿态，藏住锋芒，才能让别人接近你，才能在无形中抬高自己的人脉价值。

自古以来，凡成功者都懂得放低姿态。

周文王弃王车陪姜太公钓鱼，后灭商建周成为开国君王；刘备三顾茅庐拜得诸葛亮为军师，促成三国鼎立。这些都是我们耳熟能详的故事，如果没有文王及刘备的低姿态，又哪能求得日后的赫赫成绩，从而流芳百世？

从古至今，在人际交往中，那些低姿态示众的人总能赢得更多的朋友；而那些妄自尊大、高看自己、低看别人的人必然会引火烧身，最终止步在孤立无援的困境里。

聪明的“交际达人”都懂得这样一个道理：与其在人群中凸显自己的“魅力”，不如让别人感觉自己有“魅力”。每个人都害怕被拒绝，这是人的天性。当别人觉得你“平易近人”时，也就自然地减少了别人对你的恐惧感，就会让你显得更有“亲和力”，从而使自己更受欢迎。

3. 学会忍让

在人际交往中，如果没有海纳百川的度量，我们很难容忍别人对自己利益的损伤。如果处理不当的话，就会给自己造成更多的损失，轻者失去朋友，重者使自己成为众矢之的，陷入孤立无援的境地之中。

在生活中，每个人并不是孤立存在的，而是都与自己所处的环境存在联系。考卜莱斯顿曾经在《当代哲学》中这样说：“人是一个决心实现他的许多可能性之存在，不是一个孤立的自我，而是一个必然与其他事物世界和人们世界相互关系的存在。”

在社会生活中，任何人都无法自由地选择自己所生活的环境，同时更不可能随心所欲地作用于环境。人们唯一可以做的就是改变自己与环境的关系。

改变生存方式为的是适应客观存在，即生存环境。

我们试着去适应环境，并不代表我们向环境妥协、让步，而是为了自己更好地生活。因为只有这样，我们才能找到安全、宁静、祥和、淡然且自己的愿望容易实现的环境。这对我们实现自己的目标是非常有益的。

如果真想做到改变自己，适应环境，最好的选择就是让自己进入淡泊宁静的人生境界。

因为只有达到淡泊宁静的人生境界中才能彻底感悟人生真谛，才能有适得其所的感觉，生活才会感觉有希望。

4. 懂得“糊涂”

老子有言：“大智若愚。”有时候，通过装糊涂的办法隐藏住真聪明，让对方真假难辨，可以化解交际中的尴尬，可以调和交际中的矛盾，可以避开对方的陷害，等等。装傻充愣，要装得像、充得真才能“真做假时假亦真”。

郑板桥有一句至理名言：难得糊涂。其实，难得糊涂的郑板桥，是个非常聪明的人，因为他以其睿智的眼光看破了官场的腐败和肮脏，于是辞官回乡，以写诗作画为生，以怪驰名。能看破，但就是不说出来或做出来，这是一种揣着明白装糊涂的智慧。这种智慧在用于人际交往时很重要。

遇事该糊涂时就糊涂一下，懂得糊涂智慧的人不是弱者而是英雄。因为他可以用装糊涂来化解交际场中的各种难以想象的尴尬。

一次，英国首相丘吉尔和夫人克莱门蒂娜一同出席某要人举行的晚宴。

在席间，由于一位著名的外国外交官非常喜欢一只小银盘，所以就偷偷塞入怀中。但这个举动被细心的女主人看得一清二楚。她非常难过，因为那只小银盘是她心爱的一套古董中的一部分，如果没有了，这是一个很大的、无法弥补的损失。

怎么办？女主人灵机一动，想到求助丘吉尔夫人把银盘“夺”回来，于是她把这件事告诉了克莱门蒂娜。丘吉尔夫人略加思索，向丈夫耳语一番。

当时在座的人都看到丘吉尔面带微笑，频频点头。然后他用餐巾做掩护，也“偷”了一只同样的小银盘，随后就走到那位外交官身边，私下里掏出小银盘说：“我跟你一样，也拿了只小银盘，但是它弄脏了我们的衣服，因此我觉得还是放回去吧。”外交官看着自己被弄脏的衣服，完全同意丘吉尔的观点，所以就放回去了。女主人重新得到了自己的东西。

在很多场合，很多人是不肯装糊涂的，他们对任何事情都想分出个一清二白、谁是谁非，其实这种做法是不明智的。这只能使事情变得越来越糟，最终反而得不到解决。如果假装一下糊涂，给别人留有余地，也便是给自己留有了余地。

糊涂是一种大智慧，它能使你清醒，使你冷静；它能使你有大气度，有宽容之心，能平静地看待世间的纷烦扰攘、尔虞我诈的争斗；能使你超功利，超世俗，善待世间的一切，才能居闹市而有一颗宁静之心，待人宽容为上，处世从容自如。

人情呵护术——人脉经营四大法则

人脉关系像一张无声无色的大网张罗在我们周围，完全不懂人情世故

的人可以说是寸步难行。要善于挖掘人脉，更要善于经营和维护圈子。朋友要多且优，这是指圈子的广度；关系稳定且深厚，就是指圈子的深度。要使圈子具有持续性和聚优性，就得“挖深井”，要力往一处使，聚焦且恒久地在圈子中建立自己的影响力。只有把圈子钻得越深，你才能在圈中建立稳固的人际脉络，让“储存”的人际关系为自己带来机遇的源头活水。

1. 经常联系

人与人之间的感情需要频繁的沟通才能形成。联系得越多，储备的感情就越深厚，相互之间的友谊才会越长久。通常情况下，当我们初识一群人时，交际中进展速度跟接触的频率成正比。也就是说，如果你跟某位刚认识的朋友总是有机会接触的话，你们的关系很快就会变近，形成比较亲密的伙伴。因此，保持联系是非常重要的，它可以使友谊长久。

朋友之间要始终保持联系。没有了联系，深厚的友谊可能会变得越来越淡；没有了联系，两颗心之间可能会彼此疏远；没有了联系，曾经无话不谈的朋友可能会变得形同陌路。因此，保持联系能够使友谊长青，能够使你的人脉无限广阔。

朋友关系有时在紧要的关头能帮上大忙，甚至能冒着生命危险帮助你，为你排忧解难。但是，一定要记住一点：这些益处的取得是来自于你平时的努力，如果你在与同学分开之后并没有经常性的相聚，那么良好的关系又从何谈起，从中受益则更是一纸空文而已。所以，只要你抱有诚心，抱有真情，用你的真诚来维持朋友关系，你的人际关系面会更加的广泛，路也会越走越宽。

在认识新朋友之后要记得打电话或者是发短信，抑或是发电子邮件来表达自己对对方的感谢之情。如果想有点情调的话可以写一张感谢卡。在表达感谢的同时，也不要忘记让对方多了解自己，然后继续保持联络。无论有事情还是没有事情，都可以找对方出来聊聊，以便加深了解，只有这样才能保持长久的关系。

2. 真情互动

人际交往需要我们真诚地付出自己的感情与精力，而不应该目的性太强。对于那些在人际交往中暂时用不上的人，我们也应始终保持善意，并将这种善意定期传达给对方，让对方在真情互动中对你也保持同样的善意与亲切感。这样，人际关系才能长久。

要使人际关系始终处于互动的交流状态，首先你要对你所有的朋友都保持一颗真诚的心。人际关系首先是一种心灵的真诚交往，然后才是自然发生的利益互惠。你所要交的是朋友，因此，要多为对方着想，尽自己的力量为自己解决各种困难，使自己感觉到你无私的诚意，而这样也可以唤起自己同样的诚意。

在有诚意的同时还需要有具体的操作。朋友之间一般都有共同的兴趣点，平常要时不时地通过这种共同的活动来唤醒并加强共同的快乐，维持这种兴奋，使友谊在这些活动中延续和增强，也可以定期或不定期地一起出去进餐、聊天、旅游。如果两人隔得远了，也可以利用通信互致问候，并将自己在生活中的喜怒哀乐与对方分享，让对方感觉到自己对他的信任。要知道，真诚也需要不断的实际行动来表达、维护与加深。

很多朋友在分开之后联系渐渐变少，甚至最终消失。在人际交往中，我们要学会花精力维护彼此之间的感情，即便是真诚，也需要通过一些具体的行动来彰显与强化，否则人脉将会逐渐散掉。真诚地将你的朋友们记在心里，时时与他们联系和互动，你的人际关系网才会更加稳固。

3. 记住对方的小事

通过记住有关对方的小事来获得对方的好感，是一个非常有效的社交心理策略，无论对方是大人物还是普通人，这个方法都同样有效。以访问大人物而闻名的新闻记者马可森说："当你将大人物们曾经说过的话复述出来的时候，他们的心情就会显得格外的好，对你也会表现得格外友善。"

那些善于交际的人都十分明白这种策略所带来的好处，他们总会在适当的时刻顺便问一两句对方的个人事情，以表示他们将对方正在做的事、对方的喜好记挂在心上，让对方感觉这些小事他们早该忘记但是却没想到

他们还挂在心上，从而让对方的心里产生非常愉悦的感受，进而对他们产生好感。

这个方法实施起来很容易，然而或许正是因为它容易，人们才常常忽略它，总是记得与自己有关的事，而忘记他人的事。因此，从现在开始，努力记住那些和朋友有关的事情吧，一旦那些在对方看来微不足道的小事从你口中说出时，你就在无形中靠近了对方。

4. 学会谦让

吃亏并非损失，而是一种谦让的精神，是一种成全他人的品德，也是一种人脉经营之道。

深圳有一个农村来的没什么文化的妇女，起初给人当保姆，后来在街头摆小摊儿，卖一个胶卷赚一角钱。她认死理，一个胶卷永远只赚一角钱。现在她开了一家摄影器材店，生意越做越大，还是一个胶卷赚一角钱；市场上一个柯达胶卷卖23元，她卖16元1角，批发量大得惊人，深圳搞摄影的没有不知道她的。外地人的钱包丢在她那儿了，她花了很多长途电话费才找到失主；有时候算错账多收了人家的钱，她心急火燎地找到人家还钱。听起来像傻子，可赚的钱不得了，在深圳，再牛气的摄影商也得乖乖地去她那儿拿货。

还有这么一个实例，据说有个老板是做沙石生意的，他没有文化、家庭背景，但生意非常好。或许你会好奇他是怎么做到的。其实方法很简单，那就是当他与别人合作时，每次分利，他都拿小部分，而把剩余的留给对方。这样，他的合作者越来越多，生意也越来越好，成为最终的大赢家。

“吃亏是福”不是句套话，尤其是关键时候要有敢于吃亏的气量，这不仅体现了你大度的胸怀，同时也是做大事业的必要素质。把关键时候的亏吃得淋漓尽致，才是真正的赢家。不要因为吃一点亏而斤斤计较，吃点亏换得人脉丰盈，其实是经营人脉的至高境界。

测一测　你善于编织社会关系网吗

你想回顾过去在人际关系方面的得失吗？你了解自己编成的关系网对你是有利还是有害吗？下面的题会帮你测试一下。请选择最适合自己情况的答案。

1. 与朋友们相处，你通常的情形是什么？（　　）

A. 倾向于赞扬他们的优点

B. 以诚为原则，有错我就指出来

C. 我的信条是不胡乱吹捧，也不苛刻指责

2. 结交一位朋友，你通常是如何做的？（　　）

A. 由熟人、朋友的介绍开始

B. 通过各种场合的接触

C. 经过时间、困难的考验而交定

3. 对你来说，结交人的主要目的是什么？（　　）

A. 使自己愉快

B. 希望被人喜欢

C. 想让他们帮我解决问题

4. 成为你的朋友，首先应具备哪种品质？（　　）

A. 能使人快乐轻松

B. 诚实可靠、值得信赖

C. 对我有兴趣、关注我

5. 你与朋友的友谊能保持多久？（　　）

A. 大多是日久天长式

B. 有长有短，志趣相投者通常较长久

C. 弃旧交新是常有的事

6. 走入一个陌生的环境，对那些陌生人，你是如何做的？（　　）

A. 常能很快记住他们的名字与某些特点

B. 想记住他们的信息，但失败时居多

C. 不去注意他们

7. 你出门旅行时是如何做的？（　　）

A. 通常很容易就交到朋友

B. 喜欢一个人消磨时间

C. 希望结交朋友，但难以做到

计分方式：

各项运动项目和性格特征

得分 题号 答案	1	2	3	4	5	6	7
A	1	5	1	1	1	1	1
B	5	1	3	3	3	3	3
C	3	3	5	5	5	5	5

评测解析：

7～16 分：结网能手。你凡事处理得当，合情合理，并且很艺术。无论你走到哪里，笑脸和友谊总是围绕着你，你很受朋友的欢迎，他们也愿意帮助你，别人都认为你是很有办法的人。

17～26 分：水平中等。你会有不少相处得不错的朋友，但出于各种原因，真正与你肝胆相照的知己却不多，似乎总有层东西隔在你们之间。是处世欠妥还是缺乏诚意，你要自己寻找原因。

27～35 分：结网技能较差。虽然你内心渴望友谊，但别人认为你性格孤僻。你常常使自己独立于众人之外，颇有拒人于千里的意味，你过去的绝大多数行为都在向别人发出这种信号。当然这种印象可以改变，但需要你长久的顽强努力，也许要花费比建立这个印象更多的时间才能实现。